Wissenschaftliche Reihe
Fahrzeugtechnik Universität Stuttgart

Reihe herausgegeben von
M. Bargende, Stuttgart, Deutschland
H.-C. Reuss, Stuttgart, Deutschland
J. Wiedemann, Stuttgart, Deutschland

Das Institut für Verbrennungsmotoren und Kraftfahrwesen (IVK) an der Universität Stuttgart erforscht, entwickelt, appliziert und erprobt, in enger Zusammenarbeit mit der Industrie, Elemente bzw. Technologien aus dem Bereich moderner Fahrzeugkonzepte. Das Institut gliedert sich in die drei Bereiche Kraftfahrwesen, Fahrzeugantriebe und Kraftfahrzeug-Mechatronik. Aufgabe dieser Bereiche ist die Ausarbeitung des Themengebietes im Prüfstandsbetrieb, in Theorie und Simulation. Schwerpunkte des Kraftfahrwesens sind hierbei die Aerodynamik, Akustik (NVH), Fahrdynamik und Fahrermodellierung, Leichtbau, Sicherheit, Kraftübertragung sowie Energie und Thermomanagement – auch in Verbindung mit hybriden und batterieelektrischen Fahrzeugkonzepten. Der Bereich Fahrzeugantriebe widmet sich den Themen Brennverfahrensentwicklung einschließlich Regelungs- und Steuerungskonzeptionen bei zugleich minimierten Emissionen, komplexe Abgasnachbehandlung, Aufladesysteme und -strategien, Hybridsysteme und Betriebsstrategien sowie mechanisch-akustischen Fragestellungen. Themen der Kraftfahrzeug-Mechatronik sind die Antriebsstrangregelung/Hybride, Elektromobilität, Bordnetz und Energiemanagement, Funktions- und Softwareentwicklung sowie Test und Diagnose. Die Erfüllung dieser Aufgaben wird prüfstandsseitig neben vielem anderen unterstützt durch 19 Motorenprüfstände, zwei Rollenprüfstände, einen 1:1-Fahrsimulator, einen Antriebsstrangprüfstand, einen Thermowindkanal sowie einen 1:1-Aeroakustikwindkanal. Die wissenschaftliche Reihe „Fahrzeugtechnik Universität Stuttgart" präsentiert über die am Institut entstandenen Promotionen die hervorragenden Arbeitsergebnisse der Forschungstätigkeiten am IVK.

Reihe herausgegeben von
Prof. Dr.-Ing. Michael Bargende
Lehrstuhl Fahrzeugantriebe,
Institut für Verbrennungsmotoren und
Kraftfahrwesen, Universität Stuttgart
Stuttgart, Deutschland

Prof. Dr.-Ing. Jochen Wiedemann
Lehrstuhl Kraftfahrwesen,
Institut für Verbrennungsmotoren und
Kraftfahrwesen, Universität Stuttgart
Stuttgart, Deutschland

Prof. Dr.-Ing. Hans-Christian Reuss
Lehrstuhl Kraftfahrzeugmechatronik,
Institut für Verbrennungsmotoren und
Kraftfahrwesen, Universität Stuttgart
Stuttgart, Deutschland

Weitere Bände in der Reihe http://www.springer.com/series/13535

Stefan Oechslen

Thermische
Modellierung elektrischer
Hochleistungsantriebe

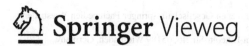 Springer Vieweg

Stefan Oechslen
Stuttgart, Deutschland

Zugl.: Dissertation Universität Stuttgart, 2018

D93

Wissenschaftliche Reihe Fahrzeugtechnik Universität Stuttgart
ISBN 978-3-658-22631-2   ISBN 978-3-658-22632-9   (eBook)
https://doi.org/10.1007/978-3-658-22632-9

Die Deutsche Nationalbibliothek verzeichnet diese Publikation in der Deutschen National-
bibliografie; detaillierte bibliografische Daten sind im Internet über http://dnb.d-nb.de abrufbar.

Gedruckt auf säurefreiem und chlorfrei gebleichtem Papier

Springer Vieweg ist ein Imprint der eingetragenen Gesellschaft Springer Fachmedien Wiesbaden
GmbH und ist ein Teil von Springer Nature
Die Anschrift der Gesellschaft ist: Abraham-Lincoln-Str. 46, 65189 Wiesbaden, Germany

Vorwort

Die vorliegende Arbeit entstand im Rahmen meiner Tätigkeit in der Antriebsvorentwicklung der Dr. Ing. h.c. F. Porsche AG in Zusammenarbeit mit dem Institut für Verbrennungsmotoren und Kraftfahrwesen (IVK) der Universität Stuttgart.

Mein besonderer Dank gilt Herrn Prof. Dr.-Ing. Hans-Christian Reuss für die wohlwollende, wissenschaftliche Betreuung meiner Arbeit sowie die anregenden und motivierenden Diskussionen. Herrn Prof. Dr.-Ing. Bernhard Weigand möchte ich für die freundliche Übernahme des Mitberichts danken.

Besonders möchte ich mich bei meinen Kollegen der Dr. Ing. h.c. F. Porsche AG für die Unterstützung, das inspirierende Arbeitsumfeld und die angenehme Zusammenarbeit bedanken. Hervorheben möchte ich Herrn Dr.-Ing. Axel Heitmann für die außergewöhnliche fachliche und persönliche Unterstützung. Herrn Karl Dums möchte ich für die Ermöglichung der Untersuchungen und das damit verbundene Vertrauen danken. Meinem Kollegen Herrn Dr.-Ing. Tobias Engelhardt danke ich besonders für die zahlreichen Gespräche, die fundierten Anregungen und die Durchsicht des Manuskripts. Den Herren Maximilian Barkow und Jan Nägelkrämer danke ich für die wertvolle Unterstützung im Rahmen ihrer Abschlussarbeiten. Darüber hinaus gilt mein Dank den Kollegen des Forschungsinstituts für Kraftfahrwesen und Fahrzeugmotoren Stuttgart (FKFS) für die erfolgreiche Zusammenarbeit.

Abschließend möchte ich meinen Eltern und Geschwistern für die beständige Unterstützung und Motivation danken. Meiner Freundin Alexandra Ulmer danke ich herzlich für den Rückhalt, ihre Geduld und das Verständnis während der Ausarbeitung dieser Arbeit.

Stefan Oechslen

Inhaltsverzeichnis

Vorwort V

Abbildungsverzeichnis XI

Tabellenverzeichnis XVII

Abkürzungsverzeichnis XIX

Formelzeichenverzeichnis XXI

Zusammenfassung XXVII

Abstract XXIX

1 Einleitung und Zielsetzung 1

2 Grundlagen und Stand der Technik 5

   2.1 Permanentmagneterregte Synchronmaschine 5

      2.1.1 Betrachtete permanenterregte Synchronmaschine 5

      2.1.2 Funktionsweise 8

      2.1.3 Verluste 10

      2.1.4 Temperaturgrenzen 15

   2.2 Wärmeübertragung 16

      2.2.1 Wärmeübertragungsmechanismen 17

      2.2.2 Numerische Berechnungsverfahren 21

   2.3 Messtechnik 25

      2.3.1 Temperaturmessung 25

      2.3.2 Messung der Wärmeleitfähigkeit von Feststoffen 26

3 Modellierungsprozess 27

4   Modellierung elektrischer Maschinen 31

4.1   Rechenmodell der betrachteten Maschine 31

    4.1.1   Berechnungsablauf 31

    4.1.2   Thermisches Netzwerk 33

    4.1.3   Lösen der Gleichungen 37

4.2   Allgemeines zur Wärmeleitfähigkeit der Wicklung 39

4.3   Wärmeleitfähigkeit Wicklung axial 43

4.4   Wärmeleitfähigkeit Wicklung radial 45

    4.4.1   Literaturrecherche 45

    4.4.2   Experimentelle Bestimmung 49

    4.4.3   Numerische Berechnung 50

    4.4.4   Vorstellung von Näherungsverfahren 52

    4.4.5   Vergleich der Ansätze 56

4.5   Wärmeleitfähigkeit Wickelkopf 57

    4.5.1   Literaturrecherche 59

    4.5.2   Experimentelle Bestimmung 60

    4.5.3   Fitting der Wärmeleitfähigkeiten an Messungen 62

    4.5.4   Rotation des Wärmeleitfähigkeitstensors 64

    4.5.5   Vergleich der Ansätze 73

4.6   Diskretisierung 74

    4.6.1   Literaturrecherche 75

    4.6.2   Stabilitätskriterium 76

    4.6.3   Diskretisierung des Raums 79

    4.6.4   Diskretisierung der Zeit 81

4.7   Einfluss der Leiterlänge in Wickelkopf B 82

5   Schnellrechnendes thermisches Modell 85

5.1   Vorgehensweise 86

5.2   Parameteranpassung 87

6 Experimentelle Untersuchung **91**

6.1 Methodische Vorgehensweise 91

6.2 Messstellen und Besonderheiten der Temperaturmessung 93

6.3 Validierung des Statormodells 98

6.4 Validierung der vollständigen Maschine 99

7 Anwendung bei direktgekühlter Wicklung **103**

7.1 Vorstellung des Konzepts 103

    7.1.1 Literaturrecherche und Funktionsweise 103

    7.1.2 Thermischer Modellierungsprozess 105

7.2 Konvektiver Wärmeübergang 106

    7.2.1 Geometrie und Vorgehensweise 106

    7.2.2 Literaturrecherche 106

    7.2.3 Wicklung ohne Wickelköpfe 107

    7.2.4 Blechpaket 112

    7.2.5 Wickelköpfe 113

    7.2.6 Validierung 117

7.3 Schnellrechnendes thermisches Modell 119

7.4 Vergleich der vergossenen und direktgekühlten Wicklung 122

8 Zusammenfassung und Ausblick **125**

Literaturverzeichnis 129

Anhang 143

Abbildungsverzeichnis

Abbildung 2.1: Schnittdarstellung der betrachteten PMSM, links: Axialschnitt, rechts: Radialschnitt (vgl. [12]) 6

Abbildung 2.2: Wickelschema der betrachteten PMSM (A-Seite, SZ: Statorzahn) 7

Abbildung 2.3: Links: Schematische Darstellung der Regelstrategien (M_{EM}: Konstantes Drehmoment; I_{max}: Maximaler Strom; U_{gr}: Spannungsgrenze); Rechts: Zugehöriges Drehmoment und Leistung (P_{EM}: Leistung; $M_{EM,max}$: Maximal verfügbares Drehmoment) (vgl. [11], [18]) 9

Abbildung 2.4: Drehzahl-Drehmoment-Kennfeld mit Verlustaufteilung für repräsentative Betriebspunkte 14

Abbildung 2.5: Dauerhaft verfügbares Drehmoment der betrachteten PMSM 16

Abbildung 2.6: Schematischer Aufbau der stationären Zylindermethode (vgl. [63]) 26

Abbildung 3.1: Prozess zur Erstellung eines thermischen Modells einer elektrischen Maschine 28

Abbildung 4.1: Schema des Berechnungsablaufs (vgl. [38]) 31

Abbildung 4.2: Thermisches Netzwerk der betrachteten PMSM mit vergossener Wicklung und Kühlmantelkühlung (oben: Axialschnitt, unten: Radialschnitt, vgl. [55]) 34

Abbildung 4.3: Radialschnitt der Nut und Abstraktion (vgl. [65]) 40

Abbildung 4.4: Aufbau der Wicklung, links: $f_{f,Cu} = 31{,}3$ %, rechts: $f_{f,Cu} = 46{,}9$ % 42

Abbildung 4.5: Modell zur Bestimmung der Wärmeleitfähigkeit der Wicklung in axialer Richtung – Einheitsmodell 43

Abbildung 4.6: Modell zur Bestimmung der Wärmeleitfähigkeit der Wicklung in axialer Richtung – Parallelschaltung 44

Abbildung 4.7:   Wärmeleitfähigkeit der Wicklung quer zur
Orientierung der Leiter – Literaturrecherche 48

Abbildung 4.8:   Proben zur experimentellen Bestimmung der
Wärmeleitfähigkeit der Wicklung quer zur
Leiterrichtung...49

Abbildung 4.9:   Wärmeleitfähigkeit der Wicklung in radialer
Richtung – Numerisches Modell...................................50

Abbildung 4.10:   Wärmeleitfähigkeit der Wicklung in radialer
Richtung – Randbedingungen des numerischen
Modells 50

Abbildung 4.11:   Wärmeleitfähigkeit der Wicklung in radialer
Richtung – Temperaturisolinien aus der
numerischen Analyse..52

Abbildung 4.12:   Näherungsverfahren *Quadrat* (2) zur Bestimmung
der Wärmeleitfähigkeit quer zu den Leitern –
Einheitsmodell 53

Abbildung 4.13:   Näherungsverfahren *Quadrat Parallel* (2a) zur
Bestimmung der Wärmeleitfähigkeit quer zu den
Leitern..54

Abbildung 4.14:   Näherungsverfahren *Quadrat Seriell* (2b) zur
Bestimmung der Wärmeleitfähigkeit quer zu den
Leitern..54

Abbildung 4.15:   Näherungsverfahren *Quadrat Kombiniert* (2c) zur
Bestimmung der Wärmeleitfähigkeit quer zu den
Leitern..55

Abbildung 4.16:   Wärmeleitfähigkeit der Wicklung quer zu den
Leitern – Vergleich der vorgestellten Methoden 56

Abbildung 4.17:   Wickelköpfe der betrachteten PMSM, links:
Verschaltungsseite (B), rechts: Abtriebsseite (A)..........58

Abbildung 4.18:   Experimentelle Bestimmung der
Wärmeleitfähigkeiten der Wickelköpfe –
Entnahmepositionen der Proben 60

Abbildung 4.19: Absolute Temperaturabweichung zwischen Messung und Simulation bei Variation der Wärmeleitfähigkeiten (axial und radial) im Simulationsmodell (Wickelkopf B) 63

Abbildung 4.20: Schema des Berechnungsablaufs zur Bestimmung des Wärmeleitfähigkeitstensors des Wickelkopfs 64

Abbildung 4.21: Wickelkopfhüllgeometrie und Darstellung einer Spule 65

Abbildung 4.22: Abstrahierte Teilmodelle einer Spule im Wickelkopf.... 66

Abbildung 4.23: Rotation des Wärmeleitfähigkeitstensors in die ermittelte Richtung der Drähte im Wickelkopf 69

Abbildung 4.24: Superposition der vier Teilmodelle zur Bestimmung des mittleren Wärmeleitfähigkeitstensors 71

Abbildung 4.25: Abhängigkeit der maximalen Wickelkopftemperatur von der Diskretisierung 77

Abbildung 4.26: Abhängigkeit der maximalen Wickelkopftemperatur vom Stabilitätskriterium (MP: Massepunkt) 78

Abbildung 4.27: Drehzahl-Drehmoment-Kennfeld mit Betriebspunkt zur Untersuchung der Diskretisierung des Raums 79

Abbildung 4.28: Variation der Diskretisierung des Raums – Maximale Wickelkopf- und Magnettemperatur bei stationärem Betrieb 80

Abbildung 4.29: Maximaltemperaturen bei *2 Runden Nürburgring* in Abhängigkeit der Leiterlänge im Wickelkopf B 83

Abbildung 5.1: Schnellrechnendes thermisches Modell der PMSM mit vergossener Wicklung 86

Abbildung 5.2: Parameteridentifikation des schnellrechnenden Modells der betrachteten PMSM mit vergossener Wicklung 88

Abbildung 5.3: Temperaturverlauf des hochaufgelösten (HA) und des schnellrechnenden Modells (SR) der PMSM mit vergossener Wicklung. Oben: Anpassungszyklus *Nürburgring* (NBR), Unten: Validierungszyklus *Prüfgelände Weissach* (PG) 89

Abbildung 6.1: Lage der Temperatursensoren in PMSM mit vergossener Wicklung 94

Abbildung 6.2: Prüfling zur Ermittlung der Messunsicherheit im Wickelkopf elektrischer Maschinen [103] 95

Abbildung 6.3: Temperaturverlauf unterschiedlicher Sensortypen und Variation der Sensorposition (vgl. [103]) 96

Abbildung 6.4: Temperaturverlauf unterschiedlicher Sensortypen – Detail (vgl. [103]) 97

Abbildung 6.5: Validierung des thermischen Statormodells der PMSM mit vergossener Wicklung im stationären Betrieb 98

Abbildung 6.6: Temperaturverläufe des hochaufgelösten Modells und der Messung für den Validierungszyklus (PG, 8 Runden) 100

Abbildung 7.1: Geometrie und Strömungspfad der PMSM mit direktgekühlter Wicklung 104

Abbildung 7.2: Nutquerschnitt bei direktgekühlter Wicklung 104

Abbildung 7.3: Prüfling 2 Nuten zur Untersuchung des konvektiven Wärmeübergangs in der Nut 108

Abbildung 7.4: Konvektiver Wärmeübergang zwischen Wicklung und Kühlmedium – Vergleich der Wicklungstemperaturen an Ein- und Auslass 111

Abbildung 7.5: Temperaturabweichung zwischen Simulation und Messung in Abhängigkeit des Korrekturfaktors zwischen Blechpaket und Kühlmedium 113

Abbildung 7.6: Schnitte in unterschiedlichen Ebenen im Wickelkopf . 114

Abbildung 7.7: Vergleich der gemessenen und berechneten Wickelkopftemperaturen im Gesamtstator (nur Wicklung verlustbehaftet) 117

Abbildung 7.8: Validierung der Modellierung des konvektiven Wärmeübergangs bei direktgekühlter Wicklung 118

Abbildung 7.9: Schnellrechnendes thermisches Modell der PMSM mit direktgekühlter Wicklung (KM: Kühlmedium) 120

Abbildung 7.10: Temperaturverlauf des hochaufgelösten (HA) und des schnellrechnenden Modells (SR) der PMSM mit direktgekühlter Wicklung. Oben: Anpassungszyklus Nürburgring (NBR), Unten: Validierungszyklus Prüfgelände Weissach (PG) 121

Abbildung 7.11: Vergleich des dauerhaft verfügbaren Drehmoments der vergossenen und der direktgekühlten Wicklung (DKW) 122

Abbildung 7.12: Temperaturverlauf der vergossenen und der direktgekühlten Wicklung (DKW) für den Zyklus *2 Runden Nürburgring* 123

Abbildung A.1: Abmessungen des Näherungsmodells *Quadrat* 143

Tabellenverzeichnis

Tabelle 2.1: Daten der betrachteten PMSM......................................6

Tabelle 2.2: Arten thermischer Netzwerke elektrischer Antriebsmaschinen nach [5]......................................23

Tabelle 4.1: Zuordnung der Massepunkte (EMP: einfacher Massepunkt, WQ: Wärmequelle, WS: Wärmesenke)....35

Tabelle 4.2: Wärmeleitfähigkeiten der Werkstoffe des Verbundwerkstoffs Wicklung bei 20 °C [41], [55], [71]......................................42

Tabelle 4.3: Experimentelle Bestimmung der Wärmeleitfähigkeit der Wickelköpfe – Messwerte......................................61

Tabelle 4.4: Vergleich der erläuterten Methoden zur Bestimmung des Wärmeleitfähigkeitstensors im Wickelkopf B.........73

Tabelle 4.5: Variation der Diskretisierung des Raums – Vergleich des gewählten Modells mit der netzunabhängigen Lösung......................................81

Tabelle 4.6: Diskretisierung der Zeit – Einfluss der Anzahl innerer Iterationen bei dem Zyklus *Nürburgring*..........82

Tabelle 6.1: Validierung des hochaufgelösten und des schnellrechnenden Modells (vergossene Wicklung)....100

Tabelle 7.1: Vorgehensweise zur Bestimmung einer Nußelt-Korrelation für die konvektiven Wärmeübergänge......108

Tabelle 7.2: Vergleich des hochaufgelösten und des schnellrechnenden Modells (direktgekühlte Wicklung) 121

Abkürzungsverzeichnis

Back-EMF	Back Electromotive Force
CFD	Computational Fluid Dynamics
CHT	Conjugate Heat Transfer
DKW	Direktgekühlte Wicklung
DNS	Direkte numerische Simulation
E-Maschine	Elektrische Maschine
EMP	Einfacher Massepunkt
FEM	Finite Elemente Methode
FTCS	Forward in Time, Centered in Space
HA Modell	Hochaufgelöstes Modell
IPMSM	Interior Permanent Magnet Synchronous Motor
KM	Kühlmedium
LPTN	Lumped Parameter Thermal Network
MMPA	Maximales Moment pro Ampere
MMPV	Maximales Moment pro Volt
MP	Massepunkt
NBR	Nürburgring
NSGA	Nondominated Sorting Genetic Algorithm
PG	Prüfgelände Weissach
PMSM	Permanentmagneterregte Synchronmaschine
RANS	Reynolds Averaged Navier Stokes
SR Modell	Schnellrechnendes Modell
SZ	Statorzahn
TIM	Thermal Interface Material

WK   Wickelkopf

WQ   Wärmequelle

WS   Wärmesenke

Formelzeichenverzeichnis

Lateinische Buchstaben

a	Exponent der Reynolds-Zahl	/–
A	Fläche	/m²
b	Breite	/m
b	Exponent der Prandtl-Zahl	/–
B	Flussdichte	/T
c	Geschwindigkeit	/ m/s
c	Spezifische Wärmekapazität (Feststoff)	/ J/(kg K)
c_p	Spezifische isobare Wärmekapazität	/ J/(kg K)
C	Faktor zur Bestimmung der Nußelt-Zahl	/–
C_{th}	Wärmekapazität	/ J/K
d	Durchmesser	/m
e	Einheitsvektor	/–
f	Frequenz des Wechselfelds	/Hz
f_{f}	Füllfaktor	/–
g	Fallbeschleunigung	/ m/s²
h	Höhe	/m
h	Spezifische Enthalpie	/ J/kg
i	Zählvariable	/–
I	Strom	/A
k	Korrekturfaktor	/–
k_{I}	Stromverdrängungsfaktor	/–
l	Länge	/m

L	Induktivität	/H
m	Masse	/kg
$\dot{m}$	Massenstrom	/ kg/s
M	Drehmoment	/Nm
n	Drehzahl	/ 1/min
Nu	Nußelt-Zahl	/−
p	Polpaarzahl	/−
p_V	Verlustleistungsdichte	/ W/m^3
P	Leistung	/W
Pr	Prandtl-Zahl	/−
$\dot{q}$	Wärmestromdichte	/ W/m^2
$\dot{Q}$	Wärmestrom	/W
r	Richtungsvektor	/−
R_{el}	Elektrischer Widerstand	/Ω
R_{ij}	Drehmatrix	/−
R_{th}	Thermischer Widerstand	/ K/W
Re	Reynolds-Zahl	/−
s	Stabilitätskriterium	/−
t	Zeit	/s
u	Mittlere Strömungsgeschwindigkeit	/ m/s
U	Innere Energie	/J
U	Innerer Umfang	/m
U_{gr}	Spannungsgrenze	/V
V	Volumen	/m^3
$\dot{V}$	Volumenstrom	/ m^3/s
$\dot{W}$	Leistungsdichte	/ W/m^3

| x, y, z | Kartesische Koordinaten | $/m$ |

Griechische Buchstaben

α	Wärmeübergangskoeffizient	$/\,W/(m^2\,K)$
α_{el}	Temperaturkoeffizient	$/\,1/K$
δ	Dicke des Elements	$/m$
δ_{ij}	Kronecker-Delta	$/-$
ε_{ijk}	Levi-Civita-Symbol	$/-$
ϑ	Temperatur	$/°C$
Δt	Zeitschritt	$/s$
$\Delta\vartheta$	Temperaturdifferenz	$/K$
λ	Wärmeleitfähigkeit	$/\,W/(m\,K)$
μ	Dynamische Viskosität	$/(Pa\,s)$
ν	Kinematische Viskosität	$/\,m^2/s$
ρ	Dichte	$/\,kg/m^3$
τ	Zeitkonstante	$/s$
φ	Winkel zwischen zwei Vektoren	$/rad$
ψ	Magnetischer Fluss	$/Wb$

Indizes[1]

0	Start- bzw. Referenzwert
aus	ausströmend
ax	axial
ben	benetzt
cond	Wärmeleitung
conv	Konvektion
Cu	Kupfer
d, q	Längs- und Querrichtung in rotorfesten Koordinaten
ein	einströmend
EM	elektrische Maschine
Ers	Ersatz
Fe	Eisen
Fl	Fluid
FTCS	FTCS-Verfahren
ges	gesamt
h	hydraulisch
Hy	Hysterese
i, j, k	Zählvariablen
Iso	Isolation
IsoP	Isolationspapier
KM	Kühlmedium
L	Leiter
max	Maximalwert

---

[1] Kombinationen der genannten Indizes werden durch Kommata getrennt.

mech	mechanisch
Mod	Modell
n	Normalrichtung
Nut	Nut
PM	Permanentmagnet
q	Quelle
Q	Querschnitt
rad	radial
RC	RC-Verfahren
Reib	Reibung
S	Sensor
th	thermisch
Umf	Umfang
Umg	Umgebung
V	Verlust
Vg	Verguss
W	Wicklung
Wa	Wand
Wi	Wirbelstrom
WK	Wickelkopf
WK A	Wickelkopf der A-Seite
WK B	Wickelkopf der B-Seite
x, y, z	kartesische Koordinaten
Zu	Zusatz
λ	Wärmeleitfähigkeitstensor

Zusammenfassung

Elektrische Antriebsmaschinen können sehr hohe Wirkungsgrade und hohe Leistungsdichten erreichen. Infolge der auftretenden Verlustleistungen erwärmen sich die Bauteile. Temperaturkritisch ist unter anderem das Isolationssystem der Statorwicklung, da ein Überschreiten der maximal zulässigen Temperatur die Lebensdauer irreversibel reduziert. Folglich ist im Rahmen der Auslegung eine Vorausberechnung der entstehenden Bauteiltemperaturen unerlässlich. Für die Analyse kundennaher, instationärer Betriebszustände ist ein Berechnungsmodell mit geringer Rechenzeit erforderlich. Die Genauigkeit dieser Modelle wird meist durch Versuchsdaten gesteigert. Diese sind insbesondere in der frühen Entwicklungsphase häufig jedoch nicht verfügbar.

Um die Berechnungsdauern gering zu halten und die Bedatung des Modells auf Basis physikalischer Zusammenhänge durchführen zu können, wird das Berechnungsmodell als thermisches Netzwerk aufgebaut. Untersucht wird der Einfluss der thermischen Widerstände auf die Genauigkeit des Berechnungsmodells. Für die Bestimmung der Wärmeleitfähigkeit in der Wicklung werden unterschiedliche Berechnungsansätze vorgestellt und hinsichtlich ihrer Eignung bewertet. Außerdem wird der Einfluss der räumlichen und zeitlichen Diskretisierung des Modells auf dessen Genauigkeit untersucht. Da eine hohe Diskretisierung zu einer Erhöhung der erforderlichen Rechendauer führt, wird zusätzlich zu einem hochaufgelösten Modell ein schnellrechnendes Modell abgeleitet. Der sich daraus ergebende durchgängige Modellierungsprozess wird anhand einer Antriebsmaschine mit vergossener Wicklung vorgestellt. Außerdem wird er auf ein Kühlkonzept mit direktgekühlter Wicklung angewendet.

Mit dem hochaufgelösten, physikalischen Modell der Antriebsmaschine mit vergossener Wicklung können die Bauteiltemperaturen bei einer Rundkursfahrt mit einer sehr guten Genauigkeit gegenüber Messdaten vorausberechnet werden. Das schnellrechnende Modell erreicht eine vergleichbare Genauigkeit bei erheblich reduzierter Rechendauer. Die Wickelkopftemperatur überschreitet allerdings den zulässigen Grenzwert. Die Genauigkeit der Modelle bei direktgekühlter Wicklung ist ebenfalls sehr gut. Der Vorteil des Konzepts ist eine erhebliche Reduktion der Wickelkopftemperatur gegenüber der vergossenen Wicklung. Der Grenzwert wird eingehalten.

Abstract

Electric motors can achieve very high efficiencies as well as high power densities. Nevertheless, the power losses created within the machine can lead to high temperatures, which can be particularly problematic for the stator winding. Once the maximum allowable temperature has been exceeded, the life expectancy is irreversibly reduced. As such, it is absolutely necessary to calculate the component temperatures when designing the machine. Part of this involves the analysis of real-world instationary operating points using a calculation model requiring short computing times. Especially in the early phase, experimental data are used to enhance the accuracy of these models. These data are often not available at that time.

A thermal network is used to enable fast computing times while still allowing physically-based correlations. This approach is used to investigate the influence of thermal resistance on the accuracy. For the determination of thermal conductivity of the winding, various calculation approaches are introduced and evaluated. Furthermore, the influence of spatial and temporal discretization on the accuracy is investigated. Due to the fact that a high discretization increases computing time, a fast model is derived from the high-resolution model. The resulting modeling process is presented using a machine with cast windings. In addition, it is used for a cooling concept with directly cooled windings.

With the high-resolution physical model of the machine with cast windings, the critical component temperatures during a drive on a race track were predicted with a very high accuracy compared to measured values. The fast, simplified model achieves comparable accuracy, while the computing time is significantly reduced. The end winding temperature exceeds the permissible limit. The accuracy of the models with directly cooled windings is also very good. The end winding temperature can be reduced significantly compared to cast windings. This is an advantage of concepts with directly cooled windings. The limit is not exceeded.

1 Einleitung und Zielsetzung

Elektrische Maschinen können sehr hohe Wirkungsgrade und hohe Leistungsdichten erreichen [1]. Ihre Leistungscharakteristik zeichnet sich dadurch aus, dass das maximale Drehmoment ab dem Stillstand zur Verfügung steht. Mit zunehmender Drehzahl kann ab Erreichen der Maximalleistung eine nahezu konstante Leistung abgegeben werden [1]. Folglich entspricht die angebotene Leistung näherungsweise dem Zugkraftbedarf eines Kraftfahrzeugs [2]. Weitere bedeutende Eigenschaften elektrischer Maschinen sind der emissionsfreie Betrieb sowie die Fähigkeit sowohl motorisch als auch generatorisch betrieben werden zu können [3]. Die Summe der genannten Eigenschaften prädestinieren elektrische Maschinen für den Einsatz als Traktionsantriebe in Kraftfahrzeugen [3]. Da hierfür heute häufig permanentmagneterregte Synchronmaschinen (PMSM) eingesetzt werden [4] [5], wird für die Betrachtungen in dieser Arbeit eine solche PMSM herangezogen. Die Gültigkeit der Erkenntnisse und Methoden ist allerdings nicht auf diesen Maschinentyp beschränkt.

Die Verluste in elektrischen Maschinen wirken wie innere Wärmequellen. Um diese Energie an die Umgebung abführen zu können, erwärmt sich die elektrische Maschine [6]. Infolge der Randbedingungen elektrischer Maschinen beim Einsatz in Kraftfahrzeugen nimmt die Erwärmung zusätzlich zu. Beispielsweise wird meist eine hermetische Abdichtung gefordert, um die Maschine vor Umwelteinflüssen (Schmutz, Spritzwasser etc.) zu schützen [7]. Darüber hinaus werden unter anderem eine Reduzierung des Bauraums und eine Steigerung der Leistungsfähigkeit angestrebt [3]. Diese Maßnahmen führen in Verbindung mit Betriebszuständen hoher Last zu starken Erwärmungen der Antriebsmaschinen [6]. Statorseitig ist insbesondere die elektrische Isolation der Wicklung temperaturkritisch. Die höchsten Temperaturen treten dabei in der Regel im Bereich der Wickelköpfe auf [2]. Das Überschreiten der maximal ertragbaren Temperatur der Isolationsmaterialien führt zu einer Reduzierung der Lebensdauer bis hin zum Versagen [8], [9]. Rotorseitig sind bei PMSMs die verwendeten Permanentmagnete temperaturkritisch [10]. Das Anlegen eines hohen Gegenfeldes bei hohen Magnettemperaturen kann zu einer irreversiblen Entmagnetisierung führen [1], [10]. Zusätzlich können auch Temperaturen anderer Bauteile kritische Werte annehmen. Als Beispiel können die Lager der Rotorwelle genannt werden [2].

© Springer Fachmedien Wiesbaden GmbH, ein Teil von Springer Nature 2018
S. Oechslen, *Thermische Modellierung elektrischer Hochleistungsantriebe*,
Wissenschaftliche Reihe Fahrzeugtechnik Universität Stuttgart,
https://doi.org/10.1007/978-3-658-22632-9_1

Die auftretenden Schädigungen infolge der Überschreitung zulässiger Temperaturen sind meist irreversibel. Abhängig vom Grad der Schädigung kann dies zum Ausfall der Maschine führen.

Die genannten Anforderungen an elektrische Antriebsmaschinen und Auswirkungen auf diese sind bei der Verwendung in Sportwagen noch extremer. Angestrebt wird eine Minimierung der Massen und eine Maximierung der Leistungsfähigkeit. Ohne zusätzliche Maßnahmen erwärmen sich die Bauteile folglich schneller auf höhere Temperaturen. Darüber hinaus ist die dauerhafte Verfügbarkeit hoher Leistungen von besonderer Bedeutung. Die Ursache hierfür liegt unter anderem in der Anforderung, Rundkurse mit minimaler Rundenzeit oder Autobahnen dauerhaft mit hohen Geschwindigkeiten befahren zu können. Die Möglichkeit des Schnellladens[2] sorgt hier zusätzlich dafür, dass Hochlastfahrprofile langer Dauer auch in kurzen Zeitabständen aufeinanderfolgend gefordert werden können. Bauteile mit vergleichsweise großen thermischen Zeitkonstanten – wie zum Beispiel der Rotor – können sich dann nur geringfügig entwärmen.

Im Folgenden werden drei mögliche Maßnahmen beschrieben, um eine Überschreitung der maximal ertragbaren Temperaturen und eine daraus resultierende Schädigung der elektrischen Antriebsmaschine zu vermeiden. Diese sind beispielsweise auch in [11] genannt. Zum einen kann die verfügbare Leistung im Betrieb so reduziert werden, dass die entstehenden Bauteiltemperaturen ihre Grenztemperaturen nicht überschreiten. Diese Leistungsdegradation wird auch als *Derating* bezeichnet [2]. Ziel ist es allerdings, den Antrieb so auszulegen, dass im Betrieb kein Derating eintritt, da damit immer eine Reduzierung der abgegebenen Leistung einhergeht. Eine Möglichkeit, die dauerhafte Leistungsverfügbarkeit zu steigern, ist die Verwendung von temperaturfesteren Materialien. Dies ist allerdings mit höheren Materialkosten verbunden. Als dritte Maßnahme zur Vermeidung einer thermischen Beschädigung der Maschine ist eine Verbesserung des Kühlkonzeptes zu nennen. Ziel ist hierbei die Reduzierung der erforderlichen Temperaturdifferenz zur Übertragung der Verlustenergie an die Umgebung. Dies kann in direktem Austausch mit der Umgebung oder unter Einsatz eines

---

[2] In der IEC 61851-1 [120] bzw. in [118] wird eine Ladeleistung für Mode 4 von 170 kW angeführt. Porsche nennt in [119] eine angestrebte Ladeleistung von 220 kW. Als langfristiges Ziel werden 350 kW Ladeleistung genannt. Bei aktuellen und absehbaren Batteriekapazitäten folgen daraus Ladedauern von deutlich unter 30 Minuten.

Kühlmediums geschehen. Äußerst effektiv ist eine direkte Umströmung der Wicklung mit dem Kühlmedium.

Die Fähigkeit, die entstehenden Bauteiltemperaturen vorauszuberechnen, ist von grundlegender Bedeutung im Rahmen der Auslegung elektrischer Antriebsmaschinen. Einerseits können Maßnahmen zur Vermeidung von Derating abgeleitet, andererseits kann eine Überdimensionierung vermieden werden. Darüber hinaus können Temperaturen rechnerisch bestimmt werden, die im Betrieb nicht messbar sind. Dies führt dazu, dass die Maschine zuverlässig in ihrem Grenzbereich betrieben und damit voll ausgenutzt werden kann. Soll das Kühlkonzept der Maschine optimiert werden, ist ein detailliertes, auf physikalischen Zusammenhängen basierendes Rechenmodell ebenfalls von großer Bedeutung. Es befähigt dazu, das thermische Verhalten der Maschine bei Verwendung unterschiedlicher Kühlkonzepte vorauszuberechnen. Mehrkosten für den Aufbau von Versuchsträgern und die damit verbundenen längeren Entwicklungszeiten können entfallen oder zumindest erheblich reduziert werden. Folglich ist sowohl ein tiefgreifendes Verständnis des thermischen Verhaltens der Maschine als auch der physikalischen Zusammenhänge unbedingt anzustreben.

Insbesondere in der frühen Entwicklungsphase ist es schwierig, belastbare thermische Modelle bereitzustellen. Grund ist, dass Messungen mit hohen Kosten und zeitlichem Aufwand verbunden sind. Eine Anpassung der Modellparameter an Messdaten ist also in der Regel nicht möglich. Die Zielsetzung dieser Arbeit ist es, eine Methode aufzuzeigen, nach der belastbare Modelle mit vertretbarem Aufwand und ohne Kenntnis von Messdaten erstellt werden können. Dazu sind bekannte Ansätze auf ihre Eignung zu prüfen. Diese Ansätze sind bei Bedarf zu modifizieren oder durch neue Ansätze zu ergänzen. Darüber hinaus ist die räumliche und zeitliche Diskretisierung des Rechenmodells entscheidend für dessen Genauigkeit. Die Diskretisierung drückt sich in der Anzahl der verwendeten Rechenpunkte zur Auflösung der Geometrie und der Zeit aus. Eine Erhöhung der Diskretisierung führt zu einer Erhöhung der Genauigkeit, aber auch zu einer Erhöhung der erforderlichen Rechendauer. Aus diesem Grund wird zusätzlich zu dem hochaufgelösten Modell ein schnellrechnendes Modell mit geringer Parameterzahl abgeleitet. Dieses soll den Zielkonflikt aus Genauigkeit und Rechendauer lösen. Die Parameter werden mittels eines Optimierungsalgorithmus bestimmt. Beide Modelle werden mit Messdaten validiert.

2 Grundlagen und Stand der Technik

In diesem Kapitel werden die Grundlagen elektrischer Antriebsmaschinen, der Wärmeübertragung und der messtechnischen Analyse elektrischer Antriebsmaschinen erläutert.

2.1 Permanentmagneterregte Synchronmaschine

Im Folgenden wird auf die Grundlagen elektrischer Antriebsmaschinen eingegangen. Dies erfolgt am Beispiel der PMSM, die für die Untersuchungen dieser Arbeit herangezogen wird.

2.1.1 Betrachtete permanenterregte Synchronmaschine

Bei der betrachteten elektrischen Antriebsmaschine handelt es sich um eine PMSM. Ein Axial- und ein Radialschnitt mit Kennzeichnung der relevanten Bauteile zeigt Abbildung 2.1. Die Eckdaten der Maschine sind in Tabelle 2.1 zusammenfassend aufgeführt.

Die Rotor-Stator-Anordnung wird als Innenläufer bezeichnet, da der Rotor innerhalb des Stators liegt. Der Rotor ist mit Permanentmagneten bestückt. Er dreht sich synchron zum umlaufenden Feld des Stators. PMSMs werden für die Anwendung als Traktionsmaschinen in batterieelektrischen Fahrzeugen bevorzugt eingesetzt. Grund ist ihr vergleichsweise hoher Wirkungsgrad und ihre hohe Leistungsdichte. [5]

Der Aufbau wird in axialer Richtung mit A- und B-Seite bezeichnet. Auf der A-Seite liegt der Abtrieb der Maschine. Auf der B-Seite erfolgt die Verschaltung der Spulen und der Abgang der Phasenanschlüsse. Diese werden mit der Energieversorgung kontaktiert. Aufgrund der Verschaltung der Spulen ist der erforderliche Bauraum für den Wickelkopf B größer.

© Springer Fachmedien Wiesbaden GmbH, ein Teil von Springer Nature 2018
S. Oechslen, *Thermische Modellierung elektrischer Hochleistungsantriebe*,
Wissenschaftliche Reihe Fahrzeugtechnik Universität Stuttgart,
https://doi.org/10.1007/978-3-658-22632-9_2

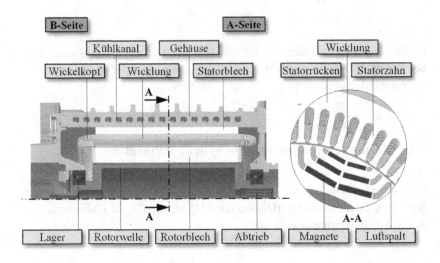

Abbildung 2.1:   Schnittdarstellung der betrachteten PMSM, links: Axialschnitt, rechts: Radialschnitt (vgl. [12])

Tabelle 2.1:   Daten der betrachteten PMSM

Geometrie

Länge der Aktivteile[3]	/mm	185
Statoraußendurchmesser	/mm	180
Höhe des Luftspalts	/mm	0,6
Rotoraußendurchmesser	/mm	128,8
Polpaarzahl | Nutzahl	/- | /-	4 | 72

(Fortsetzung)

---

[3] Als Aktivteile werden hier und im Folgenden das Stator- und Rotorblechpaket, die Wicklung
innerhalb der Nut und die Magnete bezeichnet (vgl. [18]).

Tabelle 2.1   (Fortsetzung)

Elektromagnetik

Wicklung	/-	Gesehnte 2-Schicht-Wicklung Vakuumverguss, Epoxidharz, Isolationsklasse H
Blechmaterial	/-	NO20
Magnetmaterial	/-	44SH

Leistungscharakteristik

Maximales Drehmoment (10 s)	/Nm	250
Maximale Drehzahl	/1/min	15000
Eckdrehzahl	/1/min	7800
Maximale Leistung (10 s)	/kW	206

Die Statorwicklung der Maschine ist als gesehnte 2-Schicht-Wicklung ausgeführt. Das Wickelschema eines Pols wird in Abbildung 2.2 dargestellt. Das Wickelschema gibt Auskunft über die Positionen und Verschaltungen der Leiterspulen.

Abbildung 2.2:   Wickelschema der betrachteten PMSM (A-Seite, SZ: Statorzahn)

Darüber hinaus ist die Wicklung mit einem Epoxidharz vergossen. Da der Verguss in einem Vakuumverfahren stattfindet, handelt es sich um einen sogenannten Vollverguss. Folglich ist das genannte Epoxidharz das wärmeleitende Material zwischen den Drähten und zu den angrenzenden Bauteilen. Dies verbessert das thermische Verhalten der Maschine, da der Wärmeübergang zum Gehäuse und letztendlich zum Kühlmedium verbessert wird. Das verwendete Epoxidharz weist eine Wärmeleitfähigkeit von 0,7 W/(m K) auf. Zusätzlich besteht die Möglichkeit, es mit Additiven zu versehen, wodurch die Wärmeleitfähigkeit gesteigert werden kann [13]. Auch die Verwendung alternativer Materialien ist möglich. Beispielsweise silikonbasierte Werkstoffe bieten Wärmeleitfähigkeiten von über 3 W/(m K) [14]. Entscheidend für die Effektivität von Additiven sind deren Größe und der Abstand zwischen den Drähten. Überschreitet die Größe der Additive den Abstand zwischen den Drähten, können sie nicht bis in das Innere der Wicklung gelangen, wodurch die innenliegenden Drähte thermisch ausschließlich durch den Grundstoff des Vergussmaterials verbunden sind. Näheres zu Vergussmaterialien, Vergussprozessen und dem Verhalten über Lebensdauer wurde beispielsweise von Richnow und Gerling in [15] versuchstechnisch untersucht.

Den Untersuchungen, die das thermische Verhalten bei einer Rundkursfahrt behandeln, liegt ein virtuelles Fahrzeug zugrunde. Bei diesem kommt die betrachtete PMSM sowohl an der Vorder- als auch an der Hinterachse als Traktionsmaschine zum Einsatz. Die Betriebszustände der Antriebsmaschinen werden basierend auf der Hauptgleichung des Kraftfahrzeugs (z.B. in [16]) mit einer kombinierten Vorwärts-Rückwärtsrechnung bestimmt. Näheres zu dieser Vorgehensweise findet sich unter anderem in den Arbeiten von Engelhardt [11] und Wipke [17].

2.1.2   Funktionsweise

Bei der betrachteten PMSM handelt es sich genauer gesagt um eine sogenannte IPMSM (IPMSM: Interior Permanent Magnet Synchronous Motor). Das Zeigerdiagramm, anhand dessen die Regelstrategie der betrachteten Maschine beschrieben wird, zeigt Abbildung 2.3 (links). Die Ströme werden dabei in den rotorfesten Koordinaten d und q ausgedrückt. Außerdem sind in Abbildung 2.3 (rechts) der zugehörige Drehmoment- und Leistungsverlauf über der Drehzahl aufgetragen.

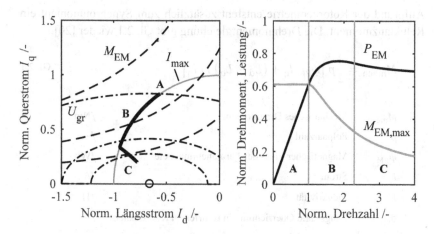

Abbildung 2.3: Links: Schematische Darstellung der Regelstrategien (M_{EM}: Konstantes Drehmoment; I_{max}: Maximaler Strom; U_{gr}: Spannungsgrenze); Rechts: Zugehöriges Drehmoment und Leistung (P_{EM}: Leistung; $M_{EM,max}$: Maximal verfügbares Drehmoment) (vgl. [11], [18])

Im Grunddrehzahlbereich (Region A) erfolgt die Regelung häufig nach der MMPA-Regelung (MMPA: Maximales Moment pro Ampere). Dabei wird das maximale Drehmoment mit minimalem Strombetrag erzielt. Das Drehmoment ist dem Strombetrag annähernd proportional. Das maximale Drehmoment wird im Grunddrehzahlbereich durch den maximalen Strom begrenzt. Mit zunehmender Drehzahl nimmt auch die induzierte Spannung zu. Die Drehzahl kann solange gesteigert werden, bis diese Spannung ihren maximal möglichen Wert erreicht. Dieser Punkt wird Eckpunkt genannt und ist in Abbildung 2.3 (links) mit A gekennzeichnet. In der rechten Abbildung markiert der Eckpunkt das Ende des Bereichs A, ab dem das Drehmoment reduziert werden muss. [18], [19]

Ab dem Eckpunkt beginnt der sogenannte Feldschwächbereich. Zunächst fällt das Drehmoment bei maximalem Strombetrag ab (Region B). Um die Drehzahl weiter erhöhen zu können, muss das Feld geschwächt werden. Dabei wird häufig die MMPV-Regelung eingesetzt (MMPV: Maximales Moment pro Volt). Der zugehörige Bereich ist in Abbildung 2.3 als Region C gekennzeichnet. In diesem Bereich wird die maximale Leistung durch die maximale Spannung begrenzt. [18], [19]

Aufgrund der Rotorgeometrie entsteht zusätzlich zum Synchronmoment ein Reluktanzmoment. Die Drehmomentgleichung gibt Gl. 2.1 wieder [20].

$$M_{\text{mech}} = \frac{3}{2} p \left[\psi_{\text{PM}} I_q + \left(L_d - L_q \right) I_d I_q \right]$$ Gl. 2.1

M_{mech}	Mechanisches Drehmoment	/Nm
p	Polpaarzahl	/−
ψ_{PM}	Magnetischer Fluss der Permanentmagnete	/Wb
I	Strom	/A
L	Induktivität	/H
d, q	Längs- und Querrichtung in rotorfesten Koordinaten	/−

2.1.3 Verluste

Die verlustbehafteten Bauteile in PMSMs sind die Wicklungen (meist Kupferwicklungen), das Statorblechpaket, das Rotorblechpaket, die Permanentmagnete im Rotor und die Lager der Rotorwelle. Außerdem tritt Luftreibung im Inneren der Maschine auf. Gl. 2.2 beschreibt die Zusammensetzung der Gesamtverlustleistung aus Kupfer-, Eisen-, Permanentmagnet- und Reibungsverlusten (z.B. in [1]). Häufig werden zu den Verlusten noch Zusatzverluste addiert, die beispielsweise aus Wirbelströmen in Gehäuseteilen resultieren [21].

$$P_{\text{V,ges}} = P_{\text{V,Cu}} + P_{\text{V,Fe}} + P_{\text{V,PM}} + P_{\text{V,Reib}}$$ Gl. 2.2

$P_{\text{V,i}}$	Verlustleistungen	/W

Die Bestimmung der Verlustleistungen in den Aktivteilen erfolgt im Rahmen dieser Arbeit mit Hilfe von FEM-Simulationen der Elektromagnetik (FEM: Finite Elemente Methode). Die Bestimmung der Reibungsverluste erfolgt in separaten Berechnungen, die später in diesem Kapitel beschrieben werden.

Im Folgenden werden die entsprechenden Verlustmechanismen beschrieben. Außerdem wird die Verlustaufteilung der betrachteten PMSM für repräsentative Betriebspunkte gezeigt.

■ Kupferverluste

Die Kupferverluste sind Verluste in den stromdurchflossenen Leitern und werden nach Gl. 2.3 beschrieben. Da die Leiter nicht zwangsläufig aus Kupfer bestehen müssen, werden sie auch als Stromwärmeverluste bezeichnet. Der elektrische Widerstand ist entsprechend Gl. 2.4 von der Temperatur abhängig. Der Temperaturkoeffizient kann entsprechender Literatur entnommen werden und beträgt für Kupfer $3{,}93 \cdot 10^{-3}$ 1/K. [22]

$$P_{\mathrm{V,Cu}} = R_{\mathrm{el}}\, I^2\, k_{\mathrm{I}} \qquad\qquad \text{Gl. 2.3}$$

$$R_{\mathrm{el}} = R_{\mathrm{el,0}} \left[1 + \alpha_{\mathrm{el}} \left(\vartheta_{\mathrm{L}} - \vartheta_{\mathrm{L,0}} \right) \right] \qquad\qquad \text{Gl. 2.4}$$

R_{el}	Elektrischer Widerstand	/Ω
k_{I}	Stromverdrängungsfaktor	/$-$
$R_{\mathrm{el,0}}$	Elektrischer Widerstand bei Referenztemperatur	/Ω
α_{el}	Temperaturkoeffizient	/ 1/K
ϑ_{L}	Temperatur des elektrischen Leiters	/°C
$\vartheta_{\mathrm{L,0}}$	Referenztemperatur des elektrischen Leiters	/°C

In Gl. 2.3 wird der Effekt der Stromverdrängung berücksichtigt. Dieser Effekt ist frequenzabhängig und wird in zahlreichen Veröffentlichungen diskutiert (z.B. in [22] und [23]). Der Einfluss der Stromverdrängung ist von der Leitergeometrie abhängig. Auch bei einer Litzenwicklung kann er nicht vernachlässigt werden, wie beispielsweise Wrobel in [24] zeigt.

■ Eisenverluste

Die Eisenverluste (auch Ummagnetisierungsverluste genannt) setzen sich aus Hysterese-, Wirbelstrom- und Zusatzverlusten zusammen [18]. Sie treten in den Elektroblechen des Stators und des Rotors auf. Wie aus Gl. 2.5 bis 2.8 ersichtlich, sind die Eisenverluste überproportional von der Frequenz – und damit der Drehzahl – abhängig. [25]

$$P_{V,Fe} = P_{V,Fe,Hy} + P_{V,Fe,Wi} + P_{V,Fe,Zu} \qquad \text{Gl. 2.5}$$

$$P_{V,Fe,Hy} \sim B^2 f \qquad \text{Gl. 2.6}$$

$$P_{V,Fe,Wi} \sim B^2 f^2 \qquad \text{Gl. 2.7}$$

$$P_{V,Fe,Zu} \sim B^2 f^{1,5} \qquad \text{Gl. 2.8}$$

B	Flussdichte	/T
f	Frequenz des Wechselfelds	/Hz

Die Hystereseverluste entstehen aufgrund der zyklischen Ummagnetisierung der ferromagnetischen Elektrobleche und der dabei durchlaufenen Hystereseschleife. [22]

Die Wirbelstromverluste entstehen ebenfalls infolge der Ummagnetisierung. Aufgrund des Wechselfeldes wird im Stator- und Rotoreisen eine Spannung induziert, die zu Wirbelströmen führt [26]. Um die Wirbelstromverluste zu reduzieren, werden das Stator- und Rotoreisen als Blechpakete ausgeführt. Diese werden aus gegeneinander elektrisch isolierten Blechen aufgebaut. Je dünner die Bleche sind, desto geringer sind die Wirbelstromverluste. Die Blechdicke der betrachteten PMSM beträgt 0,2 mm.

Die Eisenverluste hängen von einer Vielzahl von Faktoren ab. Dies sind Materialeigenschaften (siehe bspw. [22]), Fertigungseinflüsse (siehe bspw. [27]) oder mechanische Spannungen im Blech (siehe bspw. [28]).

■ Permanentmagnetverluste

Während der Drehung des Rotors wird infolge der Statornutung eine Änderung der magnetischen Flussdichte in den Permanentmagneten hervorgerufen. Da die Permanentmagnete elektrisch leitend sind, entstehen in ihnen ebenfalls Wirbelstromverluste. Diese nehmen mit steigender Drehzahl und Last zu. [18]

■ Lagerreibungsverluste

Für die Bestimmung der Lagerverluste sind in den entsprechenden Nachschlagewerken der Lagerhersteller Berechnungsverfahren angegeben. Ein Beispiel findet sich in [29]. Dieser Ansatz wird für die Modelle im Rahmen dieser Arbeit verwendet. Diese Vorgehensweise wird beispielsweise auch von Pyrhönen [21] sowie Genger und Weinrich [30] empfohlen.

■ Luftreibungsverluste

Zu den Luftreibungsverlusten im Luftspalt existieren zahlreiche Veröffentlichungen und Näherungsmodelle. Saari [31] gibt eine ausführliche Recherche inklusive Validierung wieder. Die entsprechenden Erkenntnisse werden in zahlreichen Arbeiten verwendet (z.B. [32] und [33]).

Zusätzlich zur Luftreibung im Luftspalt tritt Luftreibung auch an den Stirnseiten des Rotors auf. Einen Berechnungsansatz dazu liefert Nerg [33].

Alternativ kann die eingebrachte Wärmemenge in einer CFD-Simulation bestimmt werden (CFD: Computational Fluid Dynamics). Huber [7] führt einen Vergleich eines analytischen Berechnungsansatzes und einer CFD-Simulation durch. Insbesondere im Bereich der Stirnflächen ergeben sich wesentliche Abweichungen. Powell [34] vergleicht die analytische Berechnung mit Messdaten bis 5400 Umdrehungen pro Minute und stellt eine gute Übereinstimmung fest. Für die Modelle im Rahmen dieser Arbeit werden die Ergebnisse einer CFD-Simulation der betrachteten PMSM verwendet.

■ Verlustaufteilung

In Abbildung 2.4 werden die Anteile der beschriebenen Verlustmechanismen an den Gesamtverlusten für die betrachtete PMSM dargestellt. Hier ist die Verlustaufteilung für repräsentative Betriebspunkte in das Drehzahl-Drehmoment-Kennfeld eingetragen. Die Eisenverluste des Rotors und die

Wirbelstromverluste in den Permanentmagneten sind dabei zu Rotorverlusten ($P_{V,Rt}$) zusammengefasst.

Wie oben beschrieben hängt das Drehmoment im Grunddrehzahlbereich näherungsweise proportional mit dem Strombetrag zusammen (Kap. 2.1.2). Die Kupferverluste steigen wiederum quadratisch mit dem Strombetrag. Eisen- und Reibungsverluste sind überproportional frequenzabhängig. Folglich treten bei geringen Drehzahlen nahezu ausschließlich Kupferverluste ($P_{V,St,Cu}$) auf. Bis hin zur Eckdrehzahl kommen zu diesen drehmomentabhängigen Kupferverlusten drehzahlabhängige Eisen- und Reibungsverluste hinzu ($P_{V,St,Fe}$, $P_{V,Reib}$). Im Feldschwächbereich sinken die Kupferverluste unterproportional zum Drehmoment. Die drehzahlabhängigen Verluste steigen weiter an. Die Summe der Verluste fällt im Stator wesentlich höher aus als im Rotor.

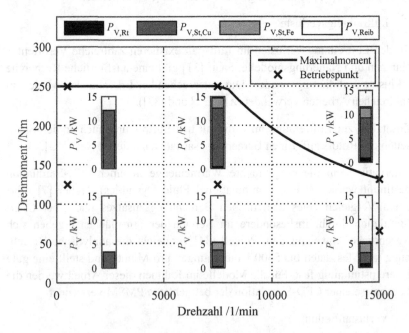

Abbildung 2.4:   Drehzahl-Drehmoment-Kennfeld mit Verlustaufteilung für repräsentative Betriebspunkte

Mit zunehmender Temperatur steigen die Kupferverluste an. Außerdem sinkt die Remanenzflussdichte der Permanentmagnete bei höheren Temperaturen [10]. Um dasselbe Drehmoment zu erreichen, ist also in weiten Bereichen des Kennfelds ein höherer Strom erforderlich. Folglich steigen die Kupferverluste zusätzlich an. Einzig die Reibungsverluste sinken mit zunehmender Maschinentemperatur. Diese sind allerdings von untergeordnetem Einfluss, wie aus Abbildung 2.4 ersichtlich wird. In Summe steigen die Verluste der betrachteten PMSM mit zunehmender Maschinentemperatur an.

2.1.4 Temperaturgrenzen

Die beiden temperaturkritischen Elemente der betrachteten PMSM sind das Isolationssystem der Statorwicklung und die Permanentmagnete im Rotor. Im Allgemeinen können auch andere Elemente temperaturkritisch sein. Hierbei sind beispielsweise die Vergussmasse oder die Lager zu nennen. Diese sind bei der betrachteten PMSM allerdings unkritisch.

Das Isolationssystem der Wicklung besteht zum einen aus einer Lackisolation der Leiter. Die maximale Einsatztemperatur dieser Lackisolation beträgt bei der betrachteten PMSM 200 °C [35]. Zum anderen ist die Wicklung gegenüber dem Statorblechpaket mit einem Isolationspapier isoliert. Dieses ist von der Isolationsklasse H (entsprechend DIN EN 60085 [9]). Seine Grenztemperatur beträgt 180 °C.

Infolge unzulässig hoher Temperaturen können die Permanentmagnete teilweise oder vollständig entmagnetisiert werden. Die Schädigung der Maschine ist irreversibel. Eine Entmagnetisierung findet statt, wenn die Curie Temperatur der Magnete überschritten wird. Allerdings ist in der Praxis vor allem relevant, dass die Magnete durch eine Kombination aus hohen Temperaturen und einem hohen Gegenfeld entmagnetisiert werden können [10]. Diesbezüglich liegt die Grenztemperatur der Magnete der betrachteten PMSM bei 150 °C.

Aufgrund der genannten Temperaturgrenzen können nicht alle Betriebspunkte dauerhaft gefahren werden. Die Begrenzung des verfügbaren Drehmoments infolge der Stator- beziehungsweise der Rotortemperatur zeigt Abbildung 2.5 für die betrachtete PMSM mit vergossener Wicklung und Kühlmantelkühlung. Im unteren Drehzahlbereich ist der Stator das limitierende Element. Im oberen Drehzahlbereich ist es der Rotor. Bei Maximaldrehzahl fällt das dauerhaft verfügbare Drehmoment bis auf Null ab.

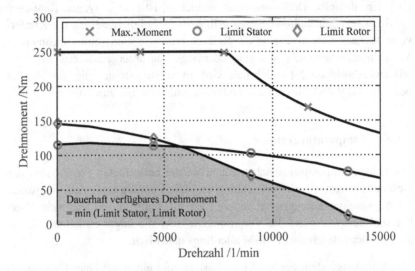

Abbildung 2.5: Dauerhaft verfügbares Drehmoment der betrachteten PMSM

2.2 Wärmeübertragung

In diesem Kapitel werden die physikalischen Grundlagen der Wärmeübertragung erläutert. Dabei wird auf die Wärmeübertragungsmechanismen (Kap. 2.2.1) und auf die Grundlagen ihrer numerischen Berechnung eingegangen (Kap. 2.2.2). Dabei stehen thermische Netzwerke und kommerzielle 3D-Berechnungsverfahren im Fokus.

Grundlage der betrachteten Inhalte ist der erste Hauptsatz der Thermodynamik eines instationären, offenen Systems in Gl. 2.9 [36].

$$\dot{Q} + P = \frac{dU}{dt} + \sum_i \dot{m}_i \left(h_i + \frac{c_i^2}{2} + gz_i \right) \qquad \text{Gl. 2.9}$$

$\dot{Q}$	Wärmestrom	/W
P	Leistung	/W
U	Innere Energie	/J
t	Zeit	/s
$\dot{m}$	Massenstrom	/ kg/s
i	Zählvariable der Massenströme	/–
h	Spezifische Enthalpie	/ J/kg
c	Geschwindigkeit	/ m/s
g	Fallbeschleunigung	/ m/s^2
z	Ortshöhe	/m

2.2.1 Wärmeübertragungsmechanismen

Die grundlegenden Mechanismen der Wärmeübertragung sind die Wärmeleitung, die Konvektion und die Wärmestrahlung. Bei der Konvektion wird
dabei zwischen freier und erzwungener Konvektion unterschieden. Im Allgemeinen sind immer alle drei Wärmeübertragungsmechanismen bei einem
Wärmeübergang beteiligt. Ihr Anteil am gesamten Wärmeübergang hängt
jedoch stark von den entsprechenden Randbedingungen ab [37]. Im Folgenden werden die genannten Wärmeübertragungsmechanismen beschrieben,
wobei auf die Wärmestrahlung nur kurz eingegangen wird, da sie bei dem
gezeigten Berechnungsansatz von untergeordneter Bedeutung ist. Dies wird
zum Beispiel in [38] gezeigt.

■ Wärmeleitung

Wärmeleitung ist der diffuse Energietransport zwischen benachbarten Molekülen in Festkörpern oder Fluiden infolge eines Temperaturgradienten [37],
[39]. Das Fouriersche Gesetz der Wärmeleitung gibt Gl. 2.10 wieder. Folglich ist der Wärmestrom normal zu den Linien konstanter Temperatur gerichtet. Die Wärmeleitfähigkeit ist eine Stoffeigenschaft und im Allgemeinen ein

symmetrischer Tensor. Die Negierung in Gl. 2.10 berücksichtigt den zweiten Hauptsatz der Thermodynamik [36]. Unter Verwendung des ersten Hauptsatzes ergibt sich für den Allgemeinen Fall Gl. 2.11. Für den Fall der eindimensionalen Wärmeleitung und konstanten Stoffwerten ergibt sich Gl. 2.12. Für den stationären, eindimensionalen Fall ohne innere Wärmequellen ergibt sich Gl. 2.13 für den Wärmestrom durch eine ebene Wand. Für den thermischen Widerstand einer ebenen Wand gilt Gl. 2.14. [37]

$$\vec{q} = -\lambda \, \text{grad} \, \vartheta \qquad\qquad\qquad\qquad \text{Gl. 2.10}$$

$$\rho \, c_p \, \frac{\partial \vartheta}{\partial t} = \text{div}[\lambda \, \text{grad} \, \vartheta] + \dot{W}_q \qquad\qquad \text{Gl. 2.11}$$

$$\rho \, c_p \, \frac{\partial \vartheta}{\partial t} = \lambda_x \, \frac{\partial^2 \vartheta}{\partial x^2} + \dot{W}_q \qquad\qquad \text{Gl. 2.12}$$

$$\dot{Q} = \frac{\lambda \, A_{Q,Wa}}{\delta} \, (\vartheta_1 - \vartheta_2) = \frac{\vartheta_1 - \vartheta_2}{R_{th,cond}} \qquad \text{Gl. 2.13}$$

$$R_{th,cond} = \frac{\delta}{\lambda \, A_{Q,Wa}} \qquad\qquad\qquad \text{Gl. 2.14}$$

$\dot{q}$	Wärmestromdichte	/ W/m²
λ	Wärmeleitfähigkeit	/ W/(m K)
ϑ	Temperatur	/°C
ρ	Dichte	/ kg/m³
c_p	Spezifische isobare Wärmekapazität	/ J/(kg K)
$\dot{W}_q$	Leistungsdichte, innere Wärmequellen	/ W/m³
x	Ortskoordinate	/m
$A_{Q,Wa}$	Querschnittsfläche des Elements (hier: Wand)	/m²
δ	Dicke des Elements (hier: Wand)	/m
$R_{th,cond}$	Thermischer Widerstand für Wärmeleitung	/ K/W

Darüber hinaus tritt bei Kontakt zweier Festkörper ein zusätzlicher thermischer Widerstand auf. Diese thermischen Kontaktwiderstände ergeben sich an zahlreichen Stellen in einer elektrischen Maschine. Quantitativ hängen sie von einer Vielzahl von Einflussfaktoren ab. So haben die beteiligten Materialien, ihre Oberflächenbeschaffenheit und der Anpressdruck erheblichen

Einfluss. Zu diesem Thema existieren zahlreiche Veröffentlichungen. Bei der Modellbildung im Rahmen dieser Arbeit werden im Wesentlichen die Ausführungen von Holman [40] und Pyrhönen [21] verwendet.

■ Freie Konvektion

Konvektion ist der Wärmeübergang in einem strömenden Fluid. Dieser resultiert aus der Überlagerung von Wärmeleitung und der makroskopischen Bewegung des Fluids. Befindet sich der Körper in einem ruhenden Fluid, spricht man von freier Konvektion. Betrachtet man einen warmen Körper in einem kalten Fluid, erwärmt sich das Fluid in der Nähe des Körpers durch Wärmeleitung. Infolge der Erwärmung verringert sich die Dichte des Fluids. Es steigt auf. Folglich entsteht eine Strömung entlang des Körpers. Die wandnahe Randschicht transportiert Wärme insbesondere in Form von Wärmeleitung. [37]

Die Berechnung eindimensionaler, konvektiver Wärmeübertragung erfolgt anhand Gl. 2.15 [40]. Der thermische Widerstand ergibt sich durch Gleichsetzen von Gl. 2.13 und Gl. 2.15 zu Gl. 2.16 [21].

$$\dot{Q} = \alpha \, A_{\text{ben}} \, (\vartheta_{\text{Fl}} - \vartheta_{\text{Wa}}) \qquad \text{Gl. 2.15}$$

$$R_{\text{th,conv}} = \frac{1}{\alpha \, A_{\text{ben}}} \qquad \text{Gl. 2.16}$$

α	Wärmeübergangskoeffizient	$/\,W/(m^2\,K)$
A_{ben}	Benetzte Oberfläche	$/m^2$
$\vartheta_{\text{Fl}}, \vartheta_{\text{Wa}}$	Temperatur des Fluids, der Wand	$/°C$
$R_{\text{th,conv}}$	Thermischer Widerstand für Konvektion	$/\,K/W$

Freie Konvektion tritt bei der betrachteten PMSM beispielsweise zwischen dem Gehäuse und der Umgebung auf. Die Zusammenhänge zur Bestimmung des Wärmeübergangskoeffizienten können zum Beispiel [41] entnommen werden.

■ Erzwungene Konvektion

Wird ein Körper aktiv angeströmt, spricht man von erzwungener Konvektion. Die Strömungsform des Fluids ist dabei von großer Bedeutung. Eine laminare Strömung ist mit einer geordneten Strömungsform verbunden. Der Transport findet hauptsächlich in Strömungsrichtung statt [37]. Eine turbulente Strömung weist Verwirbelungen auf. Diese treten sowohl in Strömungsrichtung als auch quer dazu auf. Folglich wird bei einer turbulenten Strömung die Wärme besser transportiert. [42]

Die genannten mathematischen Zusammenhänge für den Wärmestrom und den thermischen Widerstand bei konvektiver Wärmeübertragung (Gl. 2.15 und 2.16) gelten auch bei erzwungener Konvektion. Die Bestimmung des Wärmeübergangskoeffizienten kann ebenfalls mit Hilfe einschlägiger Literatur erfolgen. Hierzu sind beispielsweise der *VDI-Wärmeatlas* [41] und das *Handbook of Single-Phase Convective Heat Transfer* [43] zu nennen.

Wichtige Wärmeübergänge infolge erzwungener Konvektion sind in elektrischen Maschinen zwischen Rotor und Stator und zwischen Kühlmedium und Gehäuse zu finden.

Der Wärmeübergang zwischen Rotor und Stator findet über den Luftspalt statt. In diesem Luftspalt bildet sich der Wärmeübergang infolge Konvektion zwischen zwei rotierenden Zylindern aus. Vergleichbare Randbedingungen ergeben sich für die Luft innerhalb der Maschine an der A- und B-Seite und den Wickelköpfen. Hier rotiert die Luft näherungsweise mit Umfangsgeschwindigkeit des Rotors. Die Wickelköpfe stehen [25]. Der Wärmeübergang zwischen Luftspalt und der übrigen eingeschlossenen Luft kann vernachlässigt werden. Dies zeigen CFD-Analysen und Mellor in [44]. Der Wärmeübergang im Luftspalt wird in zahlreichen Arbeiten thematisiert. Eine gute Übersicht geben beispielsweise Pyrhönen [21] und Staton und Boglietti in [45] und [46]. Eine ausführliche Beschreibung des Wärmeübergangs im Luftspalt unter Berücksichtigung relevanter Literatur liefert Howey [47]. Für die Berechnung des Wärmeübergangs zwischen den Stirnseiten des Rotors und der Luft innerhalb der Maschine an der A- und B-Seite ist [48] von Kylander zu nennen. Die genannten Arbeiten stellen lediglich eine Auswahl dar.

Der konvektive Wärmeübergang zwischen Kühlmedium und Gehäuse kann ebenfalls mit bekannten Methoden beschrieben werden. Berechnungsformeln für unterschiedliche Strömungsgeometrien finden sich in Staton [49]. Dabei beruft er sich im Wesentlichen auf die von Mills [50] und Gnielinski [51] eingeführten Zusammenhänge. Einen Vergleich grundlegender, häufig verwendeter Kühlkanalgeometrien zeigen Shen und Jin in [52]. Bei der betrachteten Maschine wird ein Kühlmantel mit Wabenstruktur eingesetzt (siehe [53]). Der Wärmeübergang bei dieser Geometrie lässt sich mit den bekannten Näherungsformeln nicht ausreichend genau charakterisieren. In diesem Fall bietet sich eine CFD-Analyse und Ableitung eines Kennfelds für den Wärmeübergangskoeffizienten an. Die Verwendung eines Kennfelds für variable Volumenströme und Vorlauftemperaturen ist dabei zweckmäßig.

■ Wärmestrahlung

Die leitungsbasierten Wärmeübergänge, Wärmeleitung und Konvektion basieren auf Wechselwirkungen benachbarter Moleküle beziehungsweise freier Elektronen. Strahlungsbasierte Wärmeübergänge folgen aus „Fernwirkungen" zwischen Molekülen durch Übertragung mittels elektromagnetischer Felder. [42]

Beispielsweise in [38] wird der Einfluss der Wärmestrahlung bei der thermischen Berechnung einer PMSM gezeigt. Dieser kann als vernachlässigbar betrachtet werden, weshalb die Wärmestrahlung hier und im Folgenden nicht weiter berücksichtigt wird.

2.2.2 Numerische Berechnungsverfahren

In diesem Kapitel wird eine Übersicht über die relevanten Methoden der numerischen Berechnung gegeben. Die geschlossene, analytische Lösung der oben genannten Gleichungen zur Beschreibung der Thermik ist nur für sehr einfache Geometrien möglich. Aus diesem Grund werden die mitunter komplexen Geometrien in Rechenpunkte (bzw. Elemente) diskretisiert. Für diese werden die entsprechenden Gleichungen – in mehr oder weniger stark vereinfachter Form – gelöst. Die Methoden, die im Rahmen dieser Arbeit eingesetzt werden, sind thermische Netzwerke und FEM- beziehungsweise CFD-Berechnungsverfahren mit kommerziellen Softwarepaketen. Ein Vergleich der verfügbaren Methoden und eine ausführliche Diskussion einschlägiger Literatur findet sich in [54] von Boglietti.

■ Thermische Netzwerke

Bei thermischen Netzwerken wird die Geometrie mit einer Anzahl an
Massepunkten diskretisiert. Diese sind durch thermische Widerstände miteinander verbunden. Die thermischen Widerstände bilden die Wärmeübertragungsmechanismen ab. Die erforderlichen Stoffwerte können aus Standard-
werken entnommen werden (z.B. im VDI-Wärmeatlas [41] oder bei
Pyrhönen [21]). Darüber hinaus finden sich Hinweise für spezielle Anwendungen in weiterer Literatur. Beispielsweise in [55] wird die Wärmeleitfähigkeit von Elektroblech untersucht. Für die Beschreibung des Zustands
der Massepunkte und der Wärmeübergänge werden die oben genannten
Grundgleichungen verwendet (Gl. 2.9 bis Gl. 2.16). Ihre Anwendung ist
Bestandteil des Kapitels 4.1.3 (S. 37 ff.). Thermische Netzwerke werden in
einer Vielzahl von Veröffentlichungen zur Analyse elektrischer Antriebsmaschinen verwendet. Grundlagen erläutert beispielsweise Mellor in [44].

Die Temperaturen der Massepunkte geben die Temperaturen der Bauteile
wieder. Je feiner die Auflösung gewählt wird, desto detaillierter kann das
Temperaturfeld berechnet werden. Unterschiedliche Arten von thermischen
Netzwerken bezüglich ihrer Auflösung zeigt Tabelle 2.2. Der Einfluss der
Auflösung kann anhand der Biot-Zahl verdeutlicht werden. Sie setzt den
Wärmeübergang eines Körpers zu seiner Umgebung mit der Wärmeleitung
innerhalb des Körpers ins Verhältnis [38]. Ist die Wärmeleitung hoch und die
Wärmeübertragung zur Umgebung schlecht, so ist das Temperaturfeld im
Körper homogen. Eine feine räumliche Auflösung ist nicht erforderlich.
Diese Thematik wird in Kapitel 4.6 (S. 74 ff.) eingehend untersucht.

Tabelle 2.2:   Arten thermischer Netzwerke elektrischer Antriebs-maschinen nach [5]

Modellierung	Beschreibung
Dark Gray Box LPTN (LPTN: Lumped Parameter Thermal Network)	Thermische Netzwerke niedrigster Ordnung. Modellierung der Hauptwärmepfade. Diese Netzwerke sind stark abstrahiert und werden mit reduziertem physikalischem Hintergrund, bezüglich der Wärmeübertragung in komplexen Strukturen, erstellt. Thermische Parameter werden i.d.R. aus Versuchsergebnissen ermittelt. Aufgrund der geringen Anzahl an Massepunkten gute Eignung für den Einsatz auf Steuergeräten. Verwendung von 2...5 Massepunkten.
Light Gray Box LPTN	Die wichtigen Komponenten werden mit geringer lokaler Diskretisierung auf Basis der Wärmeübertragungstheorie erstellt. Die Modellparameter werden auf Basis der Material- und Geometriedaten erstellt. Eine Optimierung der Modellparameter an Versuchsergebnisse ist möglich. Verwendung von 5...15 Massepunkten.
White Box LPTN	Diese Modelle basieren auf den Gesetzen der Wärmeübertragung und sind entsprechend der Material- und Geometriedaten bedatet. Im Vergleich zu Light Gray Box LPTNs werden kritische und wichtige Komponenten lokal sehr hoch aufgelöst. Dies führt zu einer hohen Anzahl an Massepunkten.

Die Vorteile thermischer Netzwerke sind geringe Rechendauern und die daraus resultierende Möglichkeit der Analyse transienter Belastungsprofile. Darüber hinaus ist es möglich für die Bestimmung der thermischen Widerstände unterschiedliche Verfahren (analytisch, numerisch, experimentell) zu verwenden und damit die Ergebnisqualität zu beeinflussen. Das thermische Modell in dieser Arbeit wird als thermisches Netzwerk aufgebaut. Wie gesagt, finden sich thermische Netzwerke elektrischer Maschinen in zahlreichen Veröffentlichungen. Relevante Arbeiten sind die von Kelleter [25] und Kipp [56]. Ein Dark Gray Box LPTN der betrachteten PMSM stellt Engelhardt [11] vor.

■ Kommerzielle Software

Mit kommerzieller Software kann das thermische Verhalten elektrischer
Maschinen in unterschiedlicher Detaillierungstiefe erfolgen. Für vereinfachte
Berechnungen in der frühen Entwicklungsphase steht beispielsweise *Motor-
CAD®* zur Verfügung. Hier wird eine 1D-Berechnung der Maschine unter
Verwendung bewährter Näherungen durchgeführt.

FEM-Berechnungen erfolgen beispielsweise für die Wärmeleitung in Festkörpern. Die Geometrie wird hierbei in der Regel in zwei oder drei Dimensionen modelliert und diskretisiert. Schnittstellen zwischen Bauteilen werden
durch entsprechende Randbedingungen berücksichtigt. Dies kann beispielsweise eine Temperaturrandbedingung sein.

Eine CFD-Analyse erfolgt für die Berechnung von zwei- oder dreidimensio-
nalen Strömungsphänomenen. Hier werden die Erhaltungssätze der Masse,
des Impulses und der Energie für das Rechengebiet gelöst. Dieses
Gleichungssystem besteht aus fünf Gleichungen. Sie werden Navier-Stokes-
Gleichungen genannt und können mit direkter numerischer Simulation
(DNS) gelöst werden. In der Praxis werden die Gleichungen häufig in der
Form der RANS-Gleichungen verwendet (RANS: Reynolds Averaged
Navier Stokes). Eine ausführliche Behandlung der Theorie geben beispielsweise Laurien und Oertel in [57] wieder. Die CFD-Berechnung wird in
dieser Arbeit für die Analyse der Wärmeübertragung und Verlustleistung im
Luftspalt verwendet. Außerdem wird die Wärmeübertragung im Kühlmantel
mit einer CFD-Berechnung ermittelt. Die in dieser Arbeit verwendete kommerzielle Software ist *Star-CCM+®*.

Eine thermische Berechnung, bei der ein oder mehrere Strömungsgebiete
simultan mit den umliegenden Festkörpern gelöst werden, wird in der eng-
lischsprachigen Literatur häufig als CHT bezeichnet (CHT: Conjugate Heat
Transfer) [58]. Die Berechnung einer elektrischen Antriebsmaschine mit
einer CHT-Simulation ist mit einem hohen Modellierungs- und Rechenaufwand verbunden. Eine CHT-Simulation ist allerdings unerlässlich, wenn
Temperatur- und Strömungsfelder hochaufgelöst berechnet werden müssen.

2.3   Messtechnik

In diesem Kapitel werden die Grundlagen der Temperaturmessung (Kap. 2.3.1) und eine Möglichkeit zur Messung der Wärmeleitfähigkeit von Feststoffen beschrieben (Kap. 2.3.2).

2.3.1   Temperaturmessung

Einen Überblick über die Grundlagen der Temperaturmessung findet sich in einschlägiger Literatur (z.B. in [59]). Zur Temperaturmessung werden meist Berührungsthermometer eingesetzt. Der Messwert ist die Temperatur des Sensors selbst, weshalb die thermische Anbindung an den zu messenden Körper wichtig ist. Die im Rahmen dieser Arbeit eingesetzten Temperatursensoren sind Thermoelemente Typ K und Pt 100 Sensoren. Beide werden im Folgenden näher beschrieben.

Die Funktion von Thermoelementen beruht auf dem Seebeck-Effekt. Dieser besagt, dass an einem metallischen Leiter eine sogenannte Thermospannung entsteht, wenn an seinen Enden unterschiedliche Temperaturen herrschen. Ein Thermoelement besteht aus zwei Leitungen. Diese bestehen aus unterschiedlichen Materialien und sind an der Messstelle miteinander verbunden. Bei Erwärmung der Messstelle entsteht an den freien Enden eine Potentialdifferenz. Da die Thermospannung materialspezifisch ist, wird die Materialpaarung so gewählt, dass die messbare Spannung an den freien Enden möglichst groß wird. Mit einem Thermoelement wird folglich immer die Temperaturdifferenz zwischen der Messstelle und der Referenztemperatur an den freien Enden gemessen. Die Referenztemperatur muss mit anderen Mitteln bestimmt werden [59], [60]. Die verwendeten Thermoelemente Typ K weisen eine NiCr-Ni Materialpaarung auf (DIN EN 60584-1 [61], Klasse 1: Genauigkeit ±1,5 K).

Pt100 Sensoren gehören zu den resistiven Sensoren. Die Messung basiert auf der Temperaturabhängigkeit des elektrischen Widerstands. Die Temperaturmessung ist also eine Widerstandsmessung. Die verwendeten Pt100 Sensoren bestehen aus Platin und besitzen einen elektrischen Widerstand von 100 Ω bei 0 °C. Bei einer Temperaturänderung um 10 K ändert sich der elektrische Widerstand um circa 4 Ω. Diese Widerstandsänderung wird messtechnisch erfasst. Die Sensoren sind also in der Lage Absoluttemperaturen zu bestimmen. Die Normung erfolgt anhand der DIN EN 60751 [62]. [59], [60]

Auf Besonderheiten bei der Temperaturmessung im Wickelkopf wird in Kapitel 6.2 (S. 93 ff.) eingegangen.

2.3.2 Messung der Wärmeleitfähigkeit von Feststoffen

Zur Messung der Wärmeleitfähigkeit kann die stationäre Zylindermethode, entsprechend ASTM D5470-12 [63], eingesetzt werden. Dafür wird ein sogenannter TIM-Tester verwendet (TIM: Thermal Interface Material). Eine schematische Darstellung der Messapparatur zeigt Abbildung 2.6.

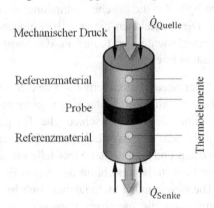

Abbildung 2.6:   Schematischer Aufbau der stationären Zylindermethode (vgl. [63])

Die Probe des zu prüfenden Materials wird zwischen zwei Zylinder eines Referenzmaterials eingelegt. Der Aufbau wird mit einem Wärmestrom beaufschlagt, der zu einer Temperaturdifferenz führt. Mit Kenntnis über den eingebrachten Wärmestrom und der Temperaturdifferenz über die Probe lässt sich die Wärmeleitfähigkeit des Materials bestimmen. Um den Einfluss der Kontaktflächen zu minimieren, wird der Messaufbau mit mechanischem Druck zusammengepresst. Um den Einfluss des Kontakts vollständig zu eliminieren, empfiehlt es sich mehrere Proben unterschiedlicher Dicke zu analysieren. Dieses Verfahren wird in vergleichbarer Art und Weise beispielsweise von Simpson [64] und Wrobel [24] eingesetzt.

3 Modellierungsprozess

Im Folgenden wird eine Vorgehensweise zur Erstellung des thermischen Modells einer elektrischen Maschine vorgeschlagen. Wesentlich sind dabei die bereits genannten Zielsetzungen:

- Möglichst geringe Anzahl an Versuchsträgern

- Modell, das auf physikalischen Zusammenhängen basiert

- Ableitung eines schnellrechnenden Modells

Das Berechnungsmodell soll dazu befähigen, das thermische Verhalten insbesondere in der frühen Entwicklungsphase vorauszuberechnen. In dieser Phase muss eine Vielzahl von Varianten berechnet und miteinander verglichen werden. Würde diese Vielzahl an Varianten ausschließlich versuchstechnisch untersucht, wären erhebliche Kosten und Zeitaufwand die Folge.

Für die Bewertung von Maßnahmen zur Beeinflussung des thermischen Verhaltens ist ein Modell erforderlich, das auf physikalischen Zusammenhängen basiert. Dies gilt insbesondere für die Entwicklung und Bewertung von Kühlkonzepten. Dieses physikalisch basierte Modell befähigt beispielsweise dazu, eine modifizierte Kühlmantelgeometrie vergleichsweise schnell bewerten zu können.

Ein schnellrechnendes Modell, welches das thermische Verhalten im Wesentlichen abbildet, ist erforderlich, um übergreifende Fragestellungen beantworten zu können. Hier ist zum einen die Simulation des Gesamtfahrzeugs und dessen Kühlkreislaufs zu nennen. Zum anderen ist beispielsweise bei der Ermittlung von Deratingstrategien eine Vielzahl an Rundstreckensimulationen erforderlich. Die Rechenzeit des thermischen Modells muss minimal sein, um die beispielhaft genannten Berechnungsaufgaben wirtschaftlich durchführen zu können.

In Abbildung 3.1 wird der vorgeschlagene Modellierungsprozess dargestellt. Dieser umfasst die Erstellung der Modellinfrastruktur, die Bedatung des Modells, eine Untersuchung des Diskretisierungseinflusses und eine Vereinfachung des Modells.

© Springer Fachmedien Wiesbaden GmbH, ein Teil von Springer Nature 2018
S. Oechslen, *Thermische Modellierung elektrischer Hochleistungsantriebe*,
Wissenschaftliche Reihe Fahrzeugtechnik Universität Stuttgart,
https://doi.org/10.1007/978-3-658-22632-9_3

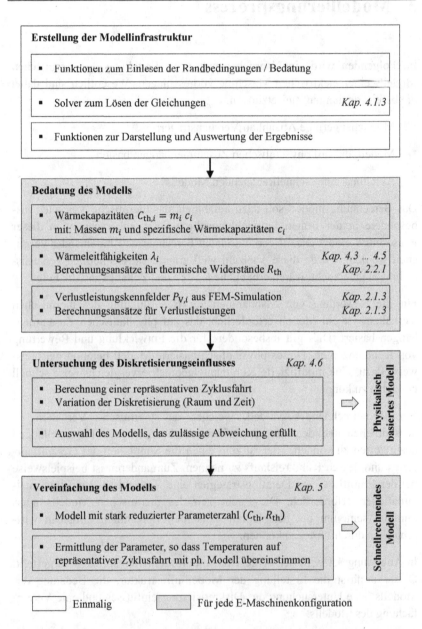

Erstellung der Modellinfrastruktur

- Funktionen zum Einlesen der Randbedingungen / Bedatung

- Solver zum Lösen der Gleichungen   *Kap. 4.1.3*

- Funktionen zur Darstellung und Auswertung der Ergebnisse

Bedatung des Modells

- Wärmekapazitäten $C_{\mathrm{th},i} = m_i\, c_i$
  mit: Massen m_i und spezifische Wärmekapazitäten c_i

- Wärmeleitfähigkeiten λ_i *Kap. 4.3 ... 4.5*
- Berechnungsansätze für thermische Widerstände R_{th} *Kap. 2.2.1*

- Verlustleistungskennfelder $P_{\mathrm{V},i}$ aus FEM-Simulation   *Kap. 2.1.3*
- Berechnungsansätze für Verlustleistungen   *Kap. 2.1.3*

Untersuchung des Diskretisierungseinflusses   *Kap. 4.6*

- Berechnung einer repräsentativen Zyklusfahrt
- Variation der Diskretisierung (Raum und Zeit)

- Auswahl des Modells, das zulässige Abweichung erfüllt

Physikalisch basiertes Modell

Vereinfachung des Modells   *Kap. 5*

- Modell mit stark reduzierter Parameterzahl $(C_{\mathrm{th}}, R_{\mathrm{th}})$

- Ermittlung der Parameter, so dass Temperaturen auf
  repräsentativer Zyklusfahrt mit ph. Modell übereinstimmen

Schnellrechnendes Modell

☐ Einmalig   ▨ Für jede E-Maschinenkonfiguration

Abbildung 3.1: Prozess zur Erstellung eines thermischen Modells einer
elektrischen Maschine

Die Modellinfrastruktur kann nach ihrer Erstellung für jegliche elektrische Maschine verwendet werden. Sie muss folglich nur einmal erstellt werden.

Die Bedatung des Modells hingegen ist für jede Maschine erneut vorzunehmen. Daher empfiehlt sich eine standardisierte Eingabemaske oder -datei. Die Massen der Bauteile lassen sich ausreichend genau aus der Geometrie und der Dichte der Materialien bestimmen. Die spezifische Wärmekapazität lässt sich in der Regel entsprechender Literatur entnehmen (z.B. [41]). Dies gilt prinzipiell auch für die Wärmeleitfähigkeiten der Materialien. Hierbei ist allerdings zu beachten, dass insbesondere die Wicklung aus thermischer Sicht in dieser Arbeit als Verbundwerkstoff betrachtet wird. Die Bestimmung seiner Wärmeleitfähigkeit, insbesondere im Bereich der Wickelköpfe, ist nicht trivial. Für die Quantifizierung des Wärmeübergangs zwischen Rotor und Stator über den Luftspalt existieren ebenfalls zahlreiche Ansätze. Einschlägige Literatur ist oben genannt (Kap. 2.2). Die Verlustleistungskennfelder der Aktivteile werden in FEM-Simulationen erzeugt. Die Verluste infolge von Reibung (Luft- und Lagerreibung) werden mit Hilfe von Submodellen bestimmt. Hinweise zu den Verlustleistungen sind Kapitel 2.1.3 (S. 10 ff.) zu entnehmen.

Die Untersuchung der Diskretisierung hat einen wesentlichen Einfluss auf die Genauigkeit des Modells. Eine mögliche Vorgehensweise wird in Kapitel 4.6 ausführlich beschrieben. Aus dieser Untersuchung resultiert ein Modell, das die Temperaturverteilung in den Bauteilen ausgibt und auf physikalischen Prinzipien basiert. Folglich ist es vergleichsweise komplex aufgebaut, was zu relativ hohen Rechendauern führt. Es ist für die Bewertung von Geometrievarianten und Kühlmaßnahmen zu verwenden.

Die Vereinfachung des Modells liefert das geforderte schnellrechnende Modell. Die Modellparameter basieren jedoch nicht mehr auf physikalischen Zusammenhängen. Aus diesem Grund ist es ausschließlich zur Temperaturberechnung der relevanten Bauteile geeignet. Modifikationen der Randbedingungen können in diesem Modell nicht unmittelbar berücksichtigt werden. Ändern sich Randbedingungen, ist stets mit der erneuten Bedatung des physikalisch basierten Modells zu beginnen. Die Ableitung des vereinfachten, schnellrechnenden Modells ist Inhalt des Kapitels 5.

4 Modellierung elektrischer Maschinen

Inhalt dieses Kapitels ist die thermische Modellierung der betrachteten elektrischen Antriebsmaschine (siehe Kapitel 2.1.1, S. 5 ff.). Es werden der Aufbau des Rechenmodells und die Ermittlung der Modellparameter beschrieben. Insbesondere wird die Wärmeleitung in der Wicklung und in den Wickelköpfen sowie die räumliche und zeitliche Diskretisierung des Modells thematisiert. Diese wesentlichen Inhalte basieren maßgeblich auf den Untersuchungen, die in den Veröffentlichungen [55], [65] und [66] des Autors bereits auszugsweise vorgestellt wurden. Die entsprechenden Bestandteile sind im Folgenden daher nicht explizit gekennzeichnet.

4.1 Rechenmodell der betrachteten Maschine

Im Folgenden wird der Programmablauf, die Ausgestaltung des thermischen Modells und dessen Bedatung beschrieben.

4.1.1 Berechnungsablauf

Der Berechnungsablauf wird in Abbildung 4.1 dargestellt. Dieser ermöglicht die Analyse des thermischen Verhaltens bei transientem Betrieb.

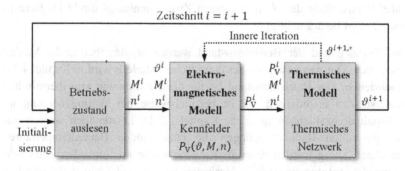

Abbildung 4.1: Schema des Berechnungsablaufs (vgl. [38])

© Springer Fachmedien Wiesbaden GmbH, ein Teil von Springer Nature 2018
S. Oechslen, *Thermische Modellierung elektrischer Hochleistungsantriebe*,
Wissenschaftliche Reihe Fahrzeugtechnik Universität Stuttgart,
https://doi.org/10.1007/978-3-658-22632-9_4

Zu Beginn der Berechnung wird die Initialisierung durchgeführt. Dabei werden die erforderlichen Daten eingelesen und die Modelle erstellt. Der im Folgenden beschriebene Ablauf wird für jeden Zeitschritt des zu analysierenden, transienten Betriebs wiederholt.

Zunächst wird der Betriebszustand der Maschine ausgelesen oder mittels eines Fahrzeugmodells berechnet. Dieser Betriebszustand besteht aus dem Drehmoment und der Drehzahl. Das Fahrzeugmodell gibt den Zeitschritt des Modells vor. In der Regel kann er vergleichsweise groß gewählt werden, um die Rechenzeit gering zu halten (z.B. 0,1 s [38]). Es ist zu beachten, dass sich der Betriebszustand der Maschine innerhalb des Zeitschritts nicht zu stark ändert.

Anschließend werden im elektromagnetischen Modell die Verlustleistungen ermittelt. Die Verluste stellen den Wärmeeintrag in das System dar. Um die Rechenzeit erheblich zu verkürzen, werden die Verlustleistungen nicht in jedem Zeitschritt berechnet, sondern aus bereitgestellten Verlustleistungskennfeldern ausgelesen. Die Verlustleistungskennfelder werden in einer separaten FEM-Berechnung vorab erstellt. Dabei ergeben sich die Verluste in Abhängigkeit der Drehzahl, des Drehmoments und der Temperatur. Da die Magnettemperatur Einfluss auf die Eisen- und Kupferverluste hat (siehe Kapitel 2.1.3), werden die Kennfelder in Abhängigkeit von der Magnettemperatur erstellt. Darüber hinaus ändern sich die Kupferverluste erheblich in Abhängigkeit von der Temperatur. Da die Kupfertemperatur allerdings ausschließlich die Kupferverluste selbst beeinflusst, wird diese Abhängigkeit unter Verwendung des oben genannten Zusammenhangs direkt im Berechnungsablauf berücksichtigt.

Die Verluste und der Betriebszustand werden an das thermische Modell übergeben. Die Ausgestaltung des thermischen Modells wird in Kapitel 4.1.2 beschrieben. Der Betriebszustand ist für die Bestimmung von thermischen Widerständen erforderlich. So ist beispielsweise der Wärmeübergang im Luftspalt drehzahlabhängig (siehe Kapitel 2.2.1). Letztendlich werden aus den genannten Randbedingungen die entstehenden Bauteiltemperaturen berechnet. Diese werden dann als Eingangsgröße im folgenden Zeitschritt verwendet. Infolge von hohen Verlustleistungen und kleinen thermischen Zeitkonstanten im thermischen Modell können innerhalb des Zeitschritts hohe Temperaturänderungen auftreten. In diesem Fall wird die Implementierung innerer Zeitschritte im thermischen Modell vorgeschlagen, um die damit einhergehende Erhöhung der Rechendauer gering zu halten. Ein innerer Zeitschritt ist gegenüber einer generellen Verringerung des Zeitschritts vorteilhaft, da der Betriebszustand nicht erneut bestimmt werden muss. Dieser Zusammenhang wird insbesondere in Kapitel 4.6 thematisiert.

4.1.2 Thermisches Netzwerk

In Kapitel 2.2.2 (S. 21 ff.) werden in einschlägiger Literatur verwendete Methoden der thermischen Modellierung in Form von thermischen Netzwerken vorgestellt. Im Rahmen dieser Arbeit wird zunächst eine Modellierung der PMSM als *White Box* (siehe Tabelle 2.2, S. 23) angestrebt. Der Grund dafür ist, dass neben den maximalen Bauteiltemperaturen insbesondere die Temperaturverteilung in den Bauteilen von Bedeutung ist. Weiterhin vereinfacht die Modellierung als *White Box* die Berücksichtigung veränderlicher Randbedingungen, beispielsweise alternativer Kühlmaßnahmen. In [66] wird am Beispiel einer Rotorkühlung gezeigt, wie eine vergleichsweise komplexe Änderung der Geometrie mit einfachen Maßnahmen im thermischen Netzwerk umgesetzt werden kann.

Abbildung 4.2 zeigt das thermische Netzwerk der betrachteten PMSM. Die Massepunkte sind mittels thermischer Widerstände verbunden. Die Verlustleistungen werden in die entsprechenden Massepunkte eingeprägt. Die Temperaturen der Massepunkte der Wärmesenken sollen konstant sein. Aus diesem Grund wird ihre Masse im Modell unendlich groß gesetzt.

Eine Zuordnung der Bauteile, ihre Eigenschaften im Modell und ihre Diskretisierungsparameter gibt Tabelle 4.1 wieder. Die verwendeten Diskretisierungsparameter entsprechen denen aus Abbildung 4.2.

Wie beispielsweise von Kelleter [25] beschrieben, kann die Temperaturverteilung in der Maschine als rotationssymmetrisch angenommen werden. Die Auswirkungen auf die Modellierung lassen sich am Beispiel der Statorzähne anschaulich erklären. Infolge der Annahme rotationssymmetrischer Verhältnisse lassen sich die einzelnen Wärmekapazitäten und thermischen Widerstände zusammenfassen. Die Wärmekapazität ist dann die Summe aller einzelnen Wärmekapazitäten der Statorzähne. Die thermischen Widerstände ergeben sich aus der Parallelschaltung der Einzelwiderstände jedes einzelnen Zahns. Da dieses Vorgehen für alle Bauteile über deren Umfang eingesetzt wird, existiert prinzipiell keine Auflösung in Umfangsrichtung. Folglich kann das Modell um eine Dimension reduziert werden. Dadurch verringert sich die Anzahl der Massepunkte erheblich. Ausnahme ist einzig die Statorwicklung und Teile des Rotors. Die Modellierung der Wicklung in allen drei Dimensionen wird später beschrieben.

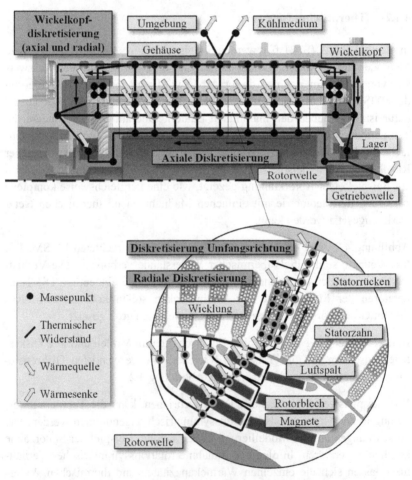

Abbildung 4.2: Thermisches Netzwerk der betrachteten PMSM mit vergossener Wicklung und Kühlmantelkühlung (oben: Axialschnitt, unten: Radialschnitt, vgl. [55])

Tabelle 4.1:   Zuordnung der Massepunkte (EMP: einfacher Massepunkt, WQ: Wärmequelle, WS: Wärmesenke)

Bauteil	EMP	WQ	WS	Diskretisierung
Wickelkopf A, B		X		Wickelkopf radial
				Wickelkopf axial
Wicklung		X		Aktivteile axial
				Wicklung / Zähne radial
				Wicklung Umfangsrichtung
Statorrücken		X		Aktivteile axial
				Statorrücken radial
Statorzahn		X		Aktivteile axial
				Wicklung / Zähne radial
Luftspalt		X		Aktivteile axial
Rotorblech		X		Aktivteile axial
Magnete		X		Aktivteile axial
Rotorwelle	X			Aktivteile axial
Innenluft A, B	X			-
Rillenkugellager A, B		X		-
Gehäusedeckel A, B	X			-
Gehäuse	X			Aktivteile axial
Kühlmedium			X	-
Umgebung			X	-
Getriebewelle			X	-

Die Modellierung eines Bauteils (oder eines Teils davon) als einzelner Massepunkt ist nur dann zulässig, wenn die Biot-Zahl des repräsentierten Bauteils ausreichend klein ist. Das heißt, dass der Temperaturgradient im repräsentierten Bauteil ausreichend klein sein muss. Aus den Gleichungen 2.13 und 2.14 (S. 18) ergibt sich, dass hohe Wärmeströme sowie eine Kombination aus großen Massepunktabständen und geringen Wärmeleitfähigkeiten zu hohen Temperaturgradienten führen. Für das thermische Modell folgt daraus, dass Bauteile, die eine geringe Wärmeleitfähigkeit besitzen, höher aufgelöst werden müssen. Sie werden durch mehr Massepunkte abgebildet. Dies gilt auch für Wärmepfade, die hohe Wärmeströme führen. Die Bedeutung dieser Wärmepfade und die Unsicherheit bei ihrer Charakterisierung beschreibt beispielsweise auch Hak in [67].

Aus den genannten Gründen werden insbesondere die Aktivteile der Maschine, wie in Tabelle 4.1 vermerkt, entsprechend fein diskretisiert. Da darüber hinaus insbesondere die maximal auftretenden Temperaturen in den Wickelköpfen von Interesse sind, werden die Wickelköpfe ebenfalls fein diskretisiert. Sollen Wärmeübergänge infolge Wärmestrahlung berücksichtigt werden, sind zusätzlich Massepunkte an den Bauteiloberflächen erforderlich. Da der Einfluss der Wärmestrahlung jedoch vernachlässigbar ist, wird darauf verzichtet [38]. Nach Pyrhönen [21] beeinflusst die Strahlung dann den Wärmetransport in einer elektrischen Maschine, wenn sie ausschließlich durch freie Konvektion gekühlt wird. Dies ist bei der betrachteten PMSM jedoch nicht der Fall.

Eine Diskretisierung des Kühlmediums ist laut Jokinen und Saari nicht erforderlich, da das Kühlmedium nur eine geringe Temperaturerhöhung erfährt. Folglich wird das Kühlmedium als Massepunkt mit konstanter (mittlerer) Temperatur modelliert [68]. Die Temperaturänderung des Kühlmediums ergibt sich aus Gl. 4.1 infolge des zu- beziehungsweise abgeführten Wärmestroms, des Massenstroms und der mittleren spezifischen Wärmekapazität des Kühlmediums [37].

$$\dot{Q} = \dot{m}\, c_p \left(\vartheta_{\text{KM,aus}} - \vartheta_{\text{KM,ein}} \right) \hspace{3cm} \text{Gl. 4.1}$$

$\vartheta_{\text{KM,aus}}$	Austrittstemperatur des Kühlmediums	/°C
$\vartheta_{\text{KM,ein}}$	Eintrittstemperatur des Kühlmediums	/°C

4.1.3 Lösen der Gleichungen

Im thermischen Modell werden die Bauteiltemperaturen aus den eingeprägten Verlustleistungen berechnet. Dies geschieht unter Verwendung des in [38] vorgestellten Verfahrens besonders effizient, weshalb dieses Verfahren im Folgenden kurz vorgestellt wird.

Für den Fall einer eindimensionalen Wärmeübertragung gilt für den Massepunkt i Gl. 4.2. Unter Verwendung des Ersatzwiderstands (Gl. 4.3) liefert die Integration über der Zeit Gl. 4.4 (vgl. [56]).

$$m_i \, c_i \, \frac{d\vartheta_i}{dt} = P_{V,i} + \sum_j \frac{\vartheta_j - \vartheta_i}{R_{th,ij}} \qquad \text{Gl. 4.2}$$

$$R_{th,i,Ers} = \left(\sum_j \left(\frac{1}{R_{th,ij}} \right) \right)^{-1} \qquad \text{Gl. 4.3}$$

$$\vartheta_i(t) = \vartheta_{i,0} \, e^{-\frac{t}{m_i \, c_i \, R_{th,i,Ers}}} + R_{th,i,Ers} \left(P_{V,i} + \sum_j \left(\frac{\vartheta_j}{R_{th,ij}} \right) \right)$$
$$\left(1 - e^{-\frac{t}{m_i \, c_i \, R_{th,i,Ers}}} \right) \qquad \text{Gl. 4.4}$$

$$\vartheta_i(t + \Delta t) = \vartheta_i(t) \, e^{-\frac{\Delta t}{m_i \, c_i \, R_{th,i,Ers}}} + R_{th,i,Ers} \left(P_{V,i} + \sum_j \left(\frac{\vartheta_j}{R_{th,ij}} \right) \right)$$
$$\left(1 - e^{-\frac{\Delta t}{m_i \, c_i \, R_{th,i,Ers}}} \right) \qquad \text{Gl. 4.5}$$

$$\tau_i = m_i \, c_i \, R_{th,i,Ers} \qquad \text{Gl. 4.6}$$

i, j	Benachbarte Massepunkte (MP)	/–
$R_{th,ij}$	Thermischer Widerstand zw. MP i und j	/ K/W
$R_{th,i,Ers}$	Thermischer Ersatzwiderstand des MPs i	/ K/W
$\vartheta_{i,0}$	Starttemperatur MP i	/°C
$\tau_{i,0}$	Zeitkonstante MP i	/s

Die räumliche Approximation der Temperatur erfolgt bereits in Gl. 4.2 entsprechend der Zentral-Differenzen (z.B. [39]). Die Zeit wird diskretisiert
indem Gl. 4.4 in Form von Gl. 4.6 geschrieben wird. Dies ist entscheidend,
da sich die Temperaturen ϑ_j über der Zeit ebenfalls ändern. Das Verfahren
ähnelt damit dem FTCS-Verfahren (Forward in Time, Centered in Space),
das beispielsweise von Polifke und Kopitz [39] ausführlich beschrieben wird.
Dabei wird die Zeit allerdings linear approximiert. Dies ist hier nicht der
Fall. Da Gl. 4.6 für jeden Massepunkt gelöst werden muss, ist die Berechnung in Matrixform vorteilhaft. Dazu ist Gl. 4.6 in der Form von Gl. 4.7 zu
formulieren. Die Lösung für alle Temperaturen ergibt sich dann aus Gl. 4.8.

$$\boldsymbol{A} \cdot \vec{\vartheta} = \vec{b} \qquad\qquad\qquad\qquad \text{Gl. 4.7}$$

$$\vec{\vartheta} = \boldsymbol{A}^{-1} \cdot \vec{b} \qquad\qquad\qquad\qquad \text{Gl. 4.8}$$

Die Parameter aus Gl. 4.7 und Gl. 4.8 ergeben sich wie in Gl. 4.9 bis Gl. 4.11
dargestellt.

$$\boldsymbol{A} = \begin{bmatrix} 1 & -\dfrac{R_{1,\text{Ers}}}{R_{12}}(1-x_e) & \cdots & -\dfrac{R_{1,\text{Ers}}}{R_{1n}}(1-x_e) \\ -\dfrac{R_{2,\text{Ers}}}{R_{21}}(1-x_e) & 1 & \cdots & -\dfrac{R_{2,\text{Ers}}}{R_{2n}}(1-x_e) \\ \vdots & \vdots & \ddots & \vdots \\ -\dfrac{R_{n,\text{Ers}}}{R_{n1}}(1-x_e) & -\dfrac{R_{n,\text{Ers}}}{R_{n2}}(1-x_e) & \cdots & 1 \end{bmatrix} \qquad \text{Gl. 4.9}$$

$$\vec{b} = \begin{bmatrix} \vartheta_{1,0}\, x_e + P_{V,1}\, R_{1,\text{Ers}}\,(1-x_e) \\ \vdots \\ \vartheta_{n,0}\, x_e + P_{V,n}\, R_{n,\text{Ers}}\,(1-x_e) \end{bmatrix} \qquad\qquad \text{Gl. 4.10}$$

$$x_e = e^{-\frac{\Delta t}{m_i\, c_i\, R_{i,\text{Ers}}}} \qquad\qquad\qquad\qquad \text{Gl. 4.11}$$

Neben der Berechnung des Temperaturverlaufs bei transientem Betrieb ist
die Berechnung von stationären Betriebszuständen relevant. In der Praxis ist
die Analyse eines stationären Betriebszustands mit langen Zeitspannen verbunden, da alle Temperaturen konstant sein sollen, sich also nicht mehr ändern dürfen. Diese Temperaturen, die sich bei stationärem Betrieb einstellen,
werden Beharrungstemperaturen genannt. Für Bauteile mit großen thermischen Zeitkonstanten ist die erforderliche Zeitspanne besonders groß. In der
Berechnung müsste mit der bis hier erläuterten Modellierung ebenfalls eine

lange Zeitspanne analysiert werden. Daraus würden hohe Rechendauern resultieren. Da jedoch ausschließlich der stationäre Zustand von Interesse ist, werden im thermischen Modell alle Massen zu Null gesetzt. Davon ausgenommen sind die Massepunkte, die Wärmesenken repräsentieren (Getriebe, Umgebung und Kühlmedium). Sie werden weiterhin mit unendlicher Masse modelliert. Die e-Funktion in den obigen Gleichungen (Gl. 4.9 bis Gl. 4.11) bleibt für Wärmesenken also Eins. Für alle weiteren Massepunkte wird sie zu Null. Der Zeitschritt kommt in der Berechnung also nicht mehr vor. Eine geringe Anzahl an Berechnungsschritten ist allerdings erforderlich, da die Massepunkttemperaturen auch von den Temperaturen der benachbarten Punkte abhängen. Bei dem Modell der betrachteten PMSM wird eine Temperaturänderung kleiner als 0,1 K zwischen zwei Zeitschritten in der Regel nach drei Zeitschritten erreicht. Dieses stabile Verhalten bei sehr kleinen Massen ist gegenüber einem klassischen FTCS-Verfahren vorteilhaft.

4.2 Allgemeines zur Wärmeleitfähigkeit der Wicklung

In diesem Kapitel werden die Bedeutung der Wärmeleitfähigkeit der Wicklung, die geometrischen Zusammenhänge und die getroffenen Annahmen erläutert. Diese Erläuterungen sind sowohl für die Wärmeleitfähigkeit der Wicklung in der Nut (Kap. 4.3 und 4.4) als auch für die Wärmeleitfähigkeit der Wickelköpfe (Kap. 4.5) relevant.

Die Wärmeleitfähigkeit der Wicklung ist aus zwei Gründen von besonderer Bedeutung für die Genauigkeit des thermischen Modells. Zum einen entsteht in der Wicklung ein Großteil der Verluste (siehe auch Abbildung 2.4, S. 14). Folglich führen die thermischen Widerstände der Wicklung große Wärmeströme. Unsicherheiten bei der Berechnung dieser Widerstände bringen also eine Unsicherheit für das gesamte Modell mit sich. Zum anderen gehören die Wicklungstemperaturen zu den Zielgrößen des Modells. Im stationären Fall hängen sie von der eingeprägten Verlustleistung und dem Wärmepfad zum Kühlmedium ab. Dabei haben die thermischen Widerstände innerhalb der Wicklung einen wesentlichen Anteil am Gesamtwiderstand zum Kühlmedium. Folglich ist eine exakte Bestimmung dieser thermischen Widerstände anzustreben.

In Abbildung 4.3 wird ein Radialschnitt der Wicklung in der Nut dargestellt. Die Leiter sind mit einer Lackschicht überzogen, die der elektrischen Isolation dient. Diese Lackschicht ist aus zwei Lagen aufgebaut. Die untere Lage besteht aus Polyester. Die obere Lage besteht aus Polyamid. [35]

Außerdem sind die Leiter gegenüber dem Statorblechpaket mit einem Isolationspapier isoliert. Dieses wird darüber hinaus an der Nutöffnung und zwischen den Phasen verwendet. Wie bereits erläutert, ist die Wicklung außerdem vollständig von der Vergussmasse umgeben. Berücksichtigt man das Isolationspapier zunächst nicht, besteht die Wicklung aus den Materialien Kupfer, Lackschicht und Verguss. Da die Wicklung aus Komponenten unterschiedlicher Werkstoffe besteht, wäre für die Berechnung der Temperaturverteilung eine Auflösung aller Komponenten erforderlich. Dies ist einerseits aufgrund des hohen Rechenaufwands nicht möglich, andererseits ist die geometrische Anordnung der Leiter nicht exakt definiert. Sie ist in gewissen Grenzen zufällig [46]. Folglich ist es sinnvoll, die makroskopischen Eigenschaften des Verbundwerkstoffs zu bestimmen und diese Kennwerte im Rechenmodell zu verwenden. Eine weitere Besonderheit der Wärmeleitfähigkeit der Wicklung ist ihre Anisotropie, die aus der Orientierung der Leiter im Gesamtverbund resultiert. Bei dem Radialschnitt durch die Nut in Abbildung 4.3 ist zu beachten, dass die Position der Leiter in Realität zufällig ist und diese häufig über der axialen Länge verdrillt sind. In Abbildung 4.3 wird zusätzlich zum Radialschnitt die Abstraktion der realen Wicklung als Modell dargestellt.

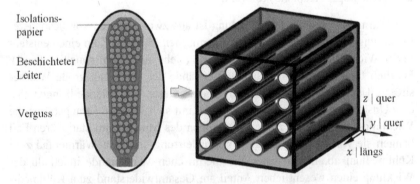

Abbildung 4.3: Radialschnitt der Nut und Abstraktion (vgl. [65])

Für das dargestellte Modell werden folgende Annahmen getroffen, die hier und im Weiteren gelten:

- Die Wicklung wird als ein Verbund aus den Komponenten Kupfer, Kupferisolation (Lack) und Verguss betrachtet. Das Isolationspapier wird im thermischen Modell separat berücksichtigt.

- Die Beschichtung der Leiter wird als homogene Schicht betrachtet, da die thermischen Eigenschaften der Materialien vergleichbar sind.

- Die Eigenschaften quer zur Drahtrichtung sind in radialer und in Umfangsrichtung identisch (y- und z-Richtung in Abbildung 4.3).

Ein wesentlicher Kennwerte der Wicklung ist der Kupferfüllfaktor (Gl. 4.12). Er ist unter anderem für die elektromagnetische Berechnung relevant. Beim Nutfüllfaktor gehen zusätzlich zur Kupfermenge in der Nut auch die Isolationspapiere und die Lackisolation der Leiter mit ein [69]. Mit Hilfe des Nutfüllfaktors kann beispielsweise die Fertigung bewertet werden. Im Folgenden werden ausschließlich der Kupferfüllfaktor sowie die Füllfaktoren der Isolation (Gl. 4.13) und des Vergusses (Gl. 4.14) verwendet.

$$f_{f,Cu} = \frac{A_{Q,Cu}}{\left(A_{Q,Nut} - A_{Q,IsoP}\right)} \qquad \text{Gl. 4.12}$$

$$f_{f,Iso} = \frac{A_{Q,Iso}}{\left(A_{Q,Nut} - A_{Q,IsoP}\right)} \qquad \text{Gl. 4.13}$$

$$f_{f,Vg} = \frac{A_{Q,Vg}}{\left(A_{Q,Nut} - A_{Q,IsoP}\right)} = 1 - f_{f,Cu} - f_{f,Iso} \qquad \text{Gl. 4.14}$$

$f_{f,Cu}$	Kupferfüllfaktor	$/-$
$f_{f,Iso}$	Füllfaktor Isolation (Lackschicht)	$/-$
$f_{f,Vg}$	Füllfaktor Verguss	$/-$
$A_{Q,Nut}$	Querschnittsfläche Nut	$/m^2$
$A_{Q,IsoP}$	Querschnittsfläche Isolationspapiere	$/m^2$
$A_{Q,Cu}$	Querschnittsfläche Leiter (Kupfer)	$/m^2$
$A_{Q,Iso}$	Querschnittsfläche Lackisolation	$/m^2$
$A_{Q,Vg}$	Querschnittsfläche Verguss	$/m^2$

Zur Verdeutlichung werden in Abbildung 4.4 beispielhaft zwei Modelle
unterschiedlicher Kupferfüllfaktoren dargestellt.

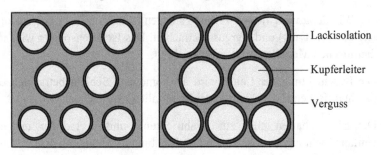

Abbildung 4.4: Aufbau der Wicklung, links: $f_{f,Cu} = 31{,}3\,\%$, rechts:
$f_{f,Cu} = 46{,}9\,\%$

Die Wärmeleitfähigkeit der Wicklung wird, über die Geometrie hinaus, von
den Stoffwerten der verwendeten Komponenten bestimmt. Außerdem sind
die Toleranzen der Geometrie und der Stoffwerte relevant. In Tabelle 4.2
sind die Wärmeleitfähigkeiten der beteiligten Werkstoffe aufgeführt. Die
Wärmeleitfähigkeit des Kupfers ist abhängig von der Legierungszusammen-
setzung. Es kann gezeigt werden, dass ihr Einfluss auf die Wärmeleitfähigkeit des Verbunds aus Kupfer, Lackisolation und Verguss nur in axialer
Richtung relevant ist. Geometrische Toleranzen können beispielsweise [70]
entnommen werden.

Tabelle 4.2:   Wärmeleitfähigkeiten der Werkstoffe des Verbundwerkstoffs Wicklung bei 20 °C [41], [55], [71]

Werkstoff	Einheit	Wärmeleitfähigkeit
Reinkupfer (99,9 %)	W/(m K)	401
Verguss	W/(m K)	0,69
Lackisolation	W/(m K)	0,22

4.3 Wärmeleitfähigkeit Wicklung axial

In diesem Kapitel wird ein Ansatz vorgestellt, mit dem die Wärmeleitfähigkeit der Wicklung in axialer Richtung berechnet werden kann. Ausgangsbasis ist das Modell der Wicklung aus Kapitel 4.2 (Abbildung 4.3). Das Modell und die Abstraktion als sogenanntes Einheitsmodell zeigt Abbildung 4.5. Einheitsmodell bedeutet, dass die Kantenlängen des Modells normiert sind, also zu Eins gesetzt sind. Diese Vorgehensweise wird verwendet, um die Materialeigenschaften, unabhängig von den geometrischen Randbedingungen, zu bestimmen. Die Wärmeleitfähigkeit des Gesamtverbunds ergibt sich dann allein aus den Wärmeleitfähigkeiten der einzelnen Komponenten und ihren Flächenanteilen (diese entsprechen den genannten Füllfaktoren). Die Komponenten werden im abstrahierten Modell entsprechend der einzelnen Werkstoffe zusammengefasst. Die Höhen der Blöcke sind den Füllfaktoren proportional (Gl. 4.12 bis Gl. 4.14).

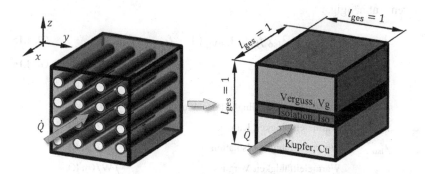

Abbildung 4.5:   Modell zur Bestimmung der Wärmeleitfähigkeit der Wicklung in axialer Richtung – Einheitsmodell

Zur Bestimmung der Wärmeleitfähigkeit des abstrahierten Modells aus Abbildung 4.5 werden die Werkstoffe als thermische Widerstände betrachtet. Die Wärmeleitfähigkeit des Verbunds ergibt sich dann aus einer Parallelschaltung der Widerstände. Dieser Ansatz wird in Abbildung 4.6 dargestellt.

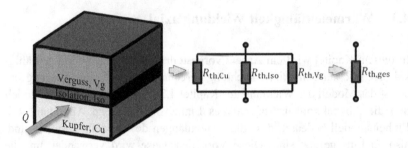

Abbildung 4.6: Modell zur Bestimmung der Wärmeleitfähigkeit der Wicklung in axialer Richtung – Parallelschaltung

Unter Verwendung des thermischen Widerstands für eindimensionale Wärmeleitung nach Gl. 2.14 (S. 18) ergibt sich die Wärmeleitfähigkeit des Verbunds entsprechend Gl. 4.15. Dieser Zusammenhang ist lediglich von den Stoffwerten und der Zusammensetzung des Verbunds – also von den Füllfaktoren – abhängig.

$$\lambda_{x,\mathrm{W}} = \lambda_{\mathrm{Cu}}\, f_{\mathrm{f,Cu}} + \lambda_{\mathrm{Iso}}\, f_{\mathrm{f,Iso}} + \lambda_{\mathrm{Vg}} \left(1 - f_{\mathrm{f,Cu}} - f_{\mathrm{f,Iso}}\right) \qquad \text{Gl. 4.15}$$

$$\lambda_{x,\mathrm{W}} \approx \lambda_{\mathrm{Cu}}\, f_{\mathrm{f,Cu}} \qquad\qquad\qquad\qquad\qquad\qquad \text{Gl. 4.16}$$

$\lambda_{x,\mathrm{W}}$	Axiale Wärmeleitfähigkeit der Wicklung	/ W/(m K)
λ_{Cu}	Wärmeleitfähigkeit Kupfer	/ W/(m K)
λ_{Iso}	Wärmeleitfähigkeit Isolation	/ W/(m K)
λ_{Vg}	Wärmeleitfähigkeit Verguss	/ W/(m K)

Wie bereits beschrieben, ist die Wärmeleitfähigkeit des Kupfers erheblich höher als die der Lackisolation und des Vergusses. Bei üblichen Kupferfüllfaktoren kann also Gl. 4.16 herangezogen werden. Die Wärmeleitfähigkeit der Wicklung in axialer Richtung ist dann ausschließlich vom Kupferfüllfaktor und der Wärmeleifähigkeit des Kupferwerkstoffs abhängig.

4.4 Wärmeleitfähigkeit Wicklung radial

Es wird angenommen, dass die Wärmeleitfähigkeit in radialer Richtung, identisch zu der in Umfangsrichtung ist (siehe Kap. 4.2). Aufgrund des Rechenaufwands und der zufälligen Anordnung der Leiter in der Nut wird die Wicklung bestehend aus Kupfer, Lackschicht und Verguss weiterhin als homogener Verbundwerkstoff betrachtet. Die Wärmeleitfähigkeit dieses Verbunds ist anisotrop.

Die Bestimmung der Wärmeleitfähigkeit der Wicklung quer zu den Leitern ist komplexer als die Bestimmung der Wärmeleitfähigkeit längs zu den Leitern. Es existieren zahlreiche Veröffentlichungen, über die zunächst ein Überblick gegeben werden soll (Kap. 4.4.1). Außerdem werden unterschiedliche Methoden zur Bestimmung der Wärmeleitfähigkeit aufgezeigt und ihre Ergebnisse miteinander verglichen. Zu diesen Methoden gehört die Messung der Wärmeleitfähigkeit (Kap. 4.4.2). Darüber hinaus wird die Wärmeleitfähigkeit mittels numerischer Berechnung bestimmt. Dabei wird die Geometrie hoch aufgelöst (Kap. 4.4.3). Zentraler Bestandteil ist die Vorstellung vereinfachter Rechenmodelle (Kap. 4.4.4). Abschließend werden die Ergebnisse der Methoden vergleichend gegenübergestellt (Kap. 4.4.5).

4.4.1 Literaturrecherche

Die Bestimmung der Wärmeleitfähigkeit der Wicklung quer zur Leiterrichtung wird in zahlreichen Veröffentlichungen thematisiert. Die bekannten Methoden werden in numerische, analytische und experimentelle Untersuchungen unterteilt.

■ Numerische Untersuchung

Eine Untersuchung anhand hochaufgelöster numerischer Modelle liefern beispielsweise Powell in [34] und Idoughi in [72].

Powell [34] führt eine FEM-Studie für unterschiedliche Kupferfüllfaktoren sowie mit und ohne Verguss und Imprägnierung durch. Er variiert die Anzahl und Verteilung der Drähte im Modell. Damit trägt er der zufälligen Anordnung der Leiter Rechnung. Ein Ergebnis der Untersuchung ist, dass die Position der Leiter bei einer vergossenen Wicklung von untergeordneter

Bedeutung ist. Ist die Wicklung nicht vergossen, hat die Position einen wesentlichen Einfluss. Außerdem zeigt Powell Abweichungen der FEM-Modelle bei zu starker Vereinfachung auf. Das heißt, im FEM-Modell ist eine Mindestanzahl der Leiter zu modellieren, um die Temperaturverteilung ausreichend genau abzubilden und sinnvolle Wärmeleitfähigkeitswerte zu erhalten. Die simulierten Werte zeigen eine gute Übereinstimmung mit Messwerten. Nachteilig bei den Untersuchungen ist die Vernachlässigung der Lackisolation der Drähte.

Idoughi [72] berechnet ebenfalls ein FEM-Modell einer Litzenwicklung mit zufälliger Anordnung der Leiter. Er berechnet eine Vielzahl an zufälligen Geometrien und gibt die Streuung der Stoffwerte an. Er zieht einen Vergleich mit den häufig zitierten Ergebnissen von Milton [73] sowie von Hashin und Shtrikman [74]. Im relevanten Bereich des Kupferfüllfaktors von 0,3 bis 0,6 ist die Abweichung vernachlässigbar.

■ Analytisch (Näherungsformeln)

Von besonderem Interesse sind analytische Untersuchungen und abgeleitete Näherungsformeln. Sie ermöglichen die Modellierung mit geringem Aufwand. Im Folgenden werden einige Verfahren vorgestellt. Ihre Eignung wird später untersucht.

Wie bereits erwähnt, werden häufig die Verfahren von Milton [73] sowie von Hashin und Shtrikman [74] herangezogen. Hashin und Shtrikman [74] stellen eine Formel für ein Zweiphasenmaterial auf. Diese wird aus der magnetischen Permeabilität von Mehrphasenmaterialien abgeleitet. Eine Erweiterung auf drei Materialien liefert Simpson in [75]. Eine ebenfalls häufig verwendete Näherung gibt Gotter in [76] beziehungsweise Pyrhönen in [21] an. Bei dieser Näherung wird ebenfalls ein Verbund aus zwei Materialien angenommen. Eine Berechnung der Wärmeleitfähigkeit aus den geometrischen Zusammenhängen für getränkte und ungetränkte Spulen liefert Unger [77].

Eine Abstraktion des Verbundmaterials als vereinfachtes Modell beschreibt Ilhan [78]. Er fasst alle Leiter zu einem quadratischen Kupferquerschnitt zusammen und stellt die entsprechenden Formeln für diese einfach zu berechnende Geometrie auf. Berücksichtigt wird dabei allerdings ausschließlich der Kupfer- und der Vergusswerkstoff. Ein Abgleich mit Messungen oder anderen Ansätzen ist nicht Bestandteil der Untersuchung. Einen vergleichbaren Ansatz liefert Lange [79]. Dieser führt letztendlich wieder auf die

Näherung von Gotter [76]. Staton [80] und Pradhan [81] verwenden eine Näherung, bei der die beteiligten Materialien seriell von einem Wärmestrom durchsetzt werden.

Eine einfache Näherung gibt General Electric [82] an. Für übliche Kupferfüllfaktoren wird die Wärmeleitfähigkeit des Verbunds als 2,5-facher Wert der Wärmeleitfähigkeit der Vergussmasse gewählt. Diese Näherung verwendet auch Mellor [44] und nennt einen positiven Abgleich mit Messdaten für imprägnierte Wicklungen.

■ Experimentell

In einer Vielzahl an Veröffentlichungen wird eine experimentelle Untersuchung der Wärmeleitfähigkeit durchgeführt.

Häufig zitiert werden die Arbeiten von Staton und Boglietti ([46], [80]). Basierend auf Messdaten wird für imprägnierte Wicklungen eine lineare Abhängigkeit der Wärmeleitfähigkeit vom Kupferfüllfaktor angegeben.

Stöck [83] gibt einen Überblick über zahlreiche vorhandene Ansätze, indem er die Wärmeleitfähigkeit dieser Ansätze über dem Kupferfüllfaktor aufträgt. Vergossene Wicklungen werden dabei allerdings nicht berücksichtigt. Wie Simpson [64] untersucht er Proben aus gepressten Leitern. Der Aufbau und der Messfehler sind dem eines TIM-Testers ähnlich (siehe auch Kap. 2.3.2). Stöck untersucht außerdem den Einfluss der Verdrillung der Leiter in der Nut. Demnach führt die Verdrillung der Leiter zu einer Steigerung der Wärmeleitfähigkeit. Auch Stöck gibt einen linearen Zusammenhang von Wärmeleitfähigkeit und Kupferfüllfaktor als Näherungsformel an.

Wrobel [24] bildet einen Messaufbau einer nicht vergossenen Wicklung in der 3D-FEM ab, um die Verlustberechnung zu validieren. Die Wicklung wird dabei als homogener Körper mit anisotropen Eigenschaften modelliert. Die entsprechenden Werte werden aus Messungen bezogen. Sie entsprechen näherungsweise den Werten der oben genannten Untersuchungen.

■   Zusammenfassung

Für die Stoffwertbestimmung für thermische Modelle empfiehlt sich die Verwendung vereinfachter Modelle. Wie gezeigt, existiert allerdings eine Vielzahl solcher Modelle, die basierend auf unterschiedlichen Annahmen für unterschiedliche Anwendungsfälle erstellt wurden. Die Wärmeleitfähigkeit der Wicklung, normal zur Orientierung der Leiter der Kupferwicklung, wird für eine Auswahl der oben genannten Untersuchungen in Abbildung 4.7 über dem Kupferfüllfaktor dargestellt. Es zeigt sich, dass die Ergebnisse mitunter stark voneinander abweichen. Aus diesem Grund wird die Wärmeleitfähigkeit der Wicklung im Folgenden mit unterschiedlichen Methoden bestimmt. In einem Vergleich der Ansätze wird abschließend deren Eignung bewertet.

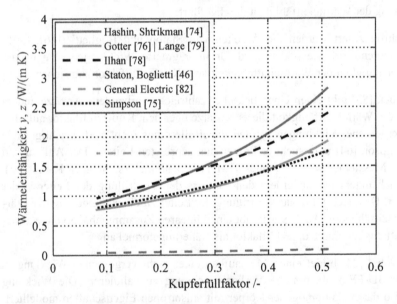

Abbildung 4.7:   Wärmeleitfähigkeit der Wicklung quer zur Orientierung der Leiter – Literaturrecherche

4.4.2 Experimentelle Bestimmung

In diesem Kapitel wird die Wärmeleitfähigkeit der Wicklung quer zur Leiterrichtung experimentell bestimmt. Die dazu verwendete Messapparatur ist ein sogenannter TIM-Tester. Dieser und die Vorgehensweise bei der Messung werden in Kapitel 2.3.2 (S. 26) näher beschrieben. Das Messverfahren und der Aufbau der Proben sind vergleichbar zu denen in zahlreichen Veröffentlichungen. Die wesentlichen Veröffentlichungen sind oben (Kap. 4.4.1, Literaturrecherche) aufgeführt. Dennoch ist eine erneute Messung erforderlich, da zur experimentellen Bestimmung der Wärmeleitfähigkeit Proben verwendet werden, welche die Werkstoffkombination der real vorliegenden Wicklung aufweisen. Diese werden in Abbildung 4.8 dargestellt. Die Oberflächen der Proben sind geschliffen, so dass die Leiter zum Vorschein kommen. Ohne diesen Schritt wäre eine Konzentration der Vergussmasse an den Oberflächen zu erwarten. Außerdem wird der Einfluss des Kontaktwiderstands bei der Messung erheblich reduziert.

Abbildung 4.8: Proben zur experimentellen Bestimmung der Wärmeleitfähigkeit der Wicklung quer zur Leiterrichtung

Das Ergebnis der Messung ist Bestandteil des Kapitels 4.4.5. Die Messwerte sind jeweils mit einer Messunsicherheit von ± 10 % behaftet. Es werden zwei Proben unterschiedlicher Dicke gemessen, um den Kontaktwiderstand rechnerisch bestimmen und seinen Einfluss aus den Messwerten eliminieren zu können. Im Folgenden wird aus Gründen der Übersichtlichkeit der Mittelwert verwendet. Zur Orientierung werden als Ober- und Untergrenze die beiden Messwerte dargestellt.

4.4.3   Numerische Berechnung

Im Folgenden wird die betrachtete Wicklung mit Hilfe einer hochaufgelösten, numerischen Berechnung analysiert. Dabei wird die Geometrie hoch aufgelöst, wie in Abbildung 4.9 beispielhaft dargestellt.

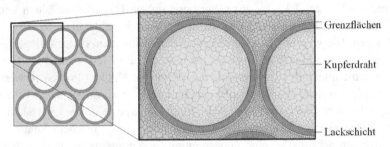

Abbildung 4.9:   Wärmeleitfähigkeit der Wicklung in radialer Richtung – Numerisches Modell

Die Randbedingungen des numerischen Modells sind in Abbildung 4.10 abgebildet. Am linken und rechten Rand werden Symmetrierandbedingungen vorgegeben, um die Rechendauer unter Berücksichtigung der Aussagen von Powell [34] gering zu halten. Darüber hinaus wird die Geometrie zweidimensional modelliert, da eine Verdrillung im abstrahierten Modell vernachlässigt wird und die dritte Dimension (x-Richtung) damit keinen Einfluss hat. Die Temperaturen an der Ober- und Unterseite des Modells werden fest eingeprägt. Der sich einstellende Wärmestrom wird ausgewertet.

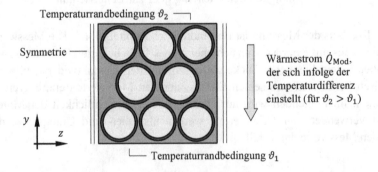

Abbildung 4.10:   Wärmeleitfähigkeit der Wicklung in radialer Richtung – Randbedingungen des numerischen Modells

Aus dem numerischen Modell ergibt sich ein Wärmestrom infolge einer treibenden Temperaturdifferenz. Aus den Gleichungen 4.17 und 4.18 ergibt sich für die Wärmeleitfähigkeit des Verbunds quer zur Leiterrichtung Gl. 4.19.

$$R_{\text{th,W,rad}} = \frac{\Delta\vartheta_{\text{Mod}}}{\dot{Q}_{\text{Mod}}} \qquad\qquad \text{Gl. 4.17}$$

$$\lambda_{\text{W,rad}} = \frac{l_{\text{Mod}}}{R_{\text{th,W,rad}}\, A_{\text{Mod},xz}} \qquad\qquad \text{Gl. 4.18}$$

$$\lambda_{\text{W,rad}} = \frac{l_{\text{Mod}}\, \dot{Q}_{\text{Mod}}}{\Delta\vartheta_{\text{Mod}}\, A_{\text{Mod},xz}} \qquad\qquad \text{Gl. 4.19}$$

$R_{\text{th,W,rad}}$	Thermischer Widerstand der Wicklung	/ K/W
$\Delta\vartheta_{\text{Mod}}$	Eingeprägte Temperaturdifferenz	/K
$\dot{Q}_{\text{Mod}}$	Wärmestrom im Modell	/W
$\lambda_{\text{W,rad}}$	Radiale Wärmeleitfähigkeit der Wicklung	/ W/(m K)
l_{Mod}	Kantenlänge des Modells	/m
$A_{\text{Mod},xz}$	Querschnittsfläche des Modells in xz-Ebene	/m²

Die berechneten Wärmeleitfähigkeiten der gezeigten Geometrie für unterschiedliche Kupferfüllfaktoren werden in Kapitel 4.4.5 den Werten vergleichend gegenübergestellt, die mit alternativen Verfahren bestimmt werden.

Abbildung 4.11 zeigt die Temperaturisolinien der Variante mit einem Kupferfüllfaktor von 46,9 %. Wie in Kapitel 2.2.1 erläutert, ist der Wärmestroms normal zu den Temperaturisolinien gerichtet. Folglich geht aus Abbildung 4.11 hervor, dass der Wärmestrom zusätzlich zu seiner vertikalen auch eine horizontale Komponente nennenswerter Größe besitzt. Dies ist insbesondere im Verguss zwischen den Drähten zu erkennen. Hier ist die Neigung der Temperaturisolinien am stärksten ausgeprägt. Diese Erkenntnis ist für die Diskussion der vorgestellten Berechnungsverfahren in Kapitel 4.4.5 wesentlich.

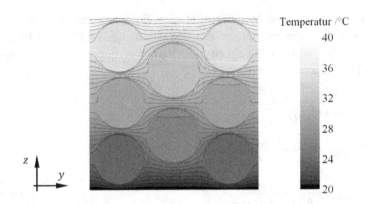

Abbildung 4.11: Wärmeleitfähigkeit der Wicklung in radialer Richtung –
Temperaturisolinien aus der numerischen Analyse

4.4.4   Vorstellung von Näherungsverfahren

In diesem Kapitel werden Näherungsverfahren zur Bestimmung der Wärmeleitfähigkeit der Wicklung quer zu den Leitern vorgestellt. Wie bereits erläutert, kann die reale Wicklung nicht im Detail als Rechenmodell abgebildet
werden. Aus diesem Grund liegt die Abstraktion als einfach zu berechnende
Geometrie nahe. Ein großer Vorteil ist, dass die Position der Komponenten
dann nicht mehr relevant ist. Darüber hinaus wird der Aufwand erheblich
reduziert. Außerdem sind diese Verfahren auch für abweichende Geometrien
anwendbar. Eine abweichende Geometrie kann beispielsweise daraus resultieren, dass das Verhältnis aus Kupferdurchmesser zu Lackschichtdicke
verändert wird. Ohne die hier vorgestellten Verfahren müsste die neue Geometrie erneut modelliert und numerisch berechnet (vgl. Kap. 4.4.3) oder der
Aufbau und Vermessung von Proben erneut durchgeführt werden (vgl. Kap.
4.4.2). Beides ist im Gegensatz zu den hier vorgestellten Verfahren mit Aufwand und Kosten verbunden.

Die drei Näherungsverfahren, die der Autor in [65] vorstellt, werden mit den
Bezeichnungen *Block Seriell* (1), *Quadrat* (2) und *Kreis* (3) bezeichnet. Im
Folgenden wird das empfohlene Verfahren *Quadrat* erläutert. Die Formeln
zur Berechnung der Wärmeleitfähigkeit anhand dieses Verfahrens sind in
Anhang A1 bis A3 ausführlich ausgeführt.

Das Näherungsverfahren *Quadrat* ist in seinen Grundzügen mit den von Ilhan [78] und Lange [79] vorgestellten Verfahren vergleichbar. Im Folgenden wird jedoch die Lackschicht der Drähte berücksichtigt und unterschiedliche Lösungsverfahren sowie deren Einfluss betrachtet. Dies ermöglicht die Bewertung der Ansätze und stellt eine wesentliche Weiterentwicklung der bekannten Methoden dar.

Wie in Abbildung 4.12 dargestellt, wird die Querschnittsfläche des Kupfers bei diesem Näherungsverfahren als eine quadratische angenommen. Dadurch wird der Tatsache Rechnung getragen, dass der Wärmestrom die Komponenten nicht ausschließlich seriell durchdringt. Aus der Betrachtung des Modells in Abbildung 4.12 links wird deutlich, dass sich der Wärmestrom in z-Richtung parallel auf die unterschiedlichen Komponenten aufteilen kann. Weiterhin wird berücksichtigt, dass der Kupferanteil vollständig von der Isolation umgeben ist.

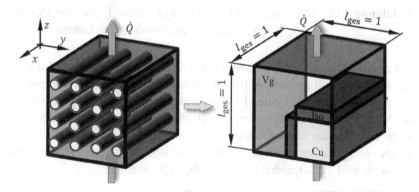

Abbildung 4.12: Näherungsverfahren *Quadrat* (2) zur Bestimmung der Wärmeleitfähigkeit quer zu den Leitern – Einheitsmodell

Die Berechnung der Wärmeleitfähigkeit der abgebildeten Geometrie kann auf unterschiedliche Weise erfolgen. Am genauesten wäre die detaillierte Auflösung der Geometrie, da dann die Wärmeleitung und die Temperaturverteilung in beiden Raumrichtungen abgebildet würde. Diese Vorgehensweise steht allerdings im Widerspruch zu dem Ziel, den Modellierungs- und Berechnungsaufwand zu reduzieren. Unter Berücksichtigung dieser Anforderung werden im Folgenden drei Näherungsverfahren vorgestellt.

Die erste Möglichkeit ist die Betrachtung des Modells als drei parallel wärmestromführende Stränge. Diese Berechnungsmethodik wird in Abbildung 4.13 dargestellt und wird im Folgenden *Quadrat Parallel* (2a) genannt. Die einzelnen Komponenten sind innerhalb eines Strangs in serieller Anordnung. Die Wärmeleitung in y-Richtung bleibt unberücksichtigt.

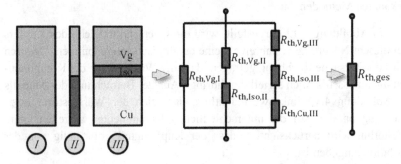

Abbildung 4.13: Näherungsverfahren *Quadrat Parallel* (2a) zur Bestimmung der Wärmeleitfähigkeit quer zu den Leitern

Die zweite Möglichkeit wird in Abbildung 4.14 dargestellt. Das Modell wird hier als drei seriell geschaltete Blöcke betrachtet. Die einzelnen Komponenten sind dann innerhalb eines Blocks parallel angeordnet. Bei Betrachtung des Modells von unten nach oben wird deutlich, dass die Komponenten zwischen den Blöcken in y-Richtung kurzgeschlossen sind. Es gilt also die Annahme einer idealen Wärmeleitung in y-Richtung. Diese Berechnungsmethodik wird im Folgenden *Quadrat Seriell* (2b) genannt.

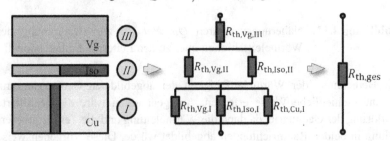

Abbildung 4.14: Näherungsverfahren *Quadrat Seriell* (2b) zur Bestimmung der Wärmeleitfähigkeit quer zu den Leitern

Abbildung 4.15 zeigt die dritte und komplexeste Möglichkeit, das Näherungsmodell *Quadrat* zu beschreiben. Hier werden alle Komponenten separat betrachtet. Jeder Block wird zunächst durch einen thermischen Widerstand in vertikaler Richtung abgebildet. Die Wärmeleitung in horizontaler Richtung wird derart berücksichtigt, dass darüber hinaus die thermischen Widerstände in y-Richtung berechnet werden. Diese verbinden jeweils die Mittelpunkte der einzelnen Blöcke, bilden also nicht die gesamte horizontale Breite ab. In einem thermischen Netzwerk müssten die Widerstände in vertikaler Richtung die Mittelpunkte der Blöcke verbinden. Dies wird hier nicht umgesetzt. Der Grund ist, dass andernfalls eine numerische Lösung erforderlich würde. Dies soll vermieden werden, da eine einfach anzuwendende Methode Ziel der Untersuchung ist. Aus diesem Grund wird in diesem Näherungsverfahren festgelegt, dass alle thermischen Widerstände in y-Richtung zwischen Schicht 2 und 3 abgebildet werden. In Folge dieser Annahme lässt sich das Widerstandsnetz unter Verwendung der Stern-Dreieck- und Dreieck-Stern-Transformation lösen (siehe z.B. [84]). Hier und im Folgenden wird diese Berechnungsmethodik *Quadrat Kombiniert* (2c) genannt.

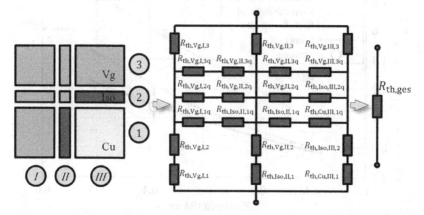

Abbildung 4.15: Näherungsverfahren *Quadrat Kombiniert* (2c) zur Bestimmung der Wärmeleitfähigkeit quer zu den Leitern

4.4.5 Vergleich der Ansätze

In den vorherigen Kapiteln wurden unterschiedliche Methoden zur Ermittlung der Wärmeleitfähigkeit der Wicklung quer zur Leiterrichtung vorgestellt. Der Vergleich der Ergebnisse wird in Abbildung 4.16 dargestellt.

Die numerisch ermittelte Wärmeleitfähigkeit der Wicklung gibt die obere Grenze des Messwerts wieder. Der geringere Messwert ist die Folge von Einflüssen, die in der Realität auftreten und die Wärmeleitfähigkeit reduzieren. Diese Einflüsse sind Lufteinschlüsse im Verguss und Kontaktwiderstände zwischen Isolation und Verguss. Diese Einflüsse werden im numerischen Modell nicht berücksichtigt. Folglich gibt das numerische Modell einen idealisierten Zustand gegenüber der Realität wieder.

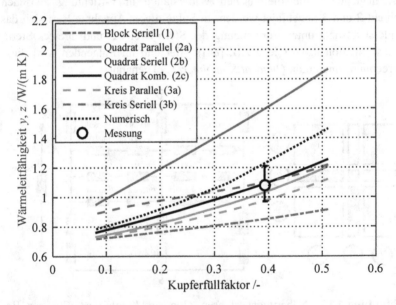

Abbildung 4.16: Wärmeleitfähigkeit der Wicklung quer zu den Leitern – Vergleich der vorgestellten Methoden

Die Ergebnisse der Näherungsverfahren zeigen im Allgemeinen eine gute Übereinstimmung mit den Ergebnissen der Messung und der numerischen Berechnung. Insbesondere ist die Abweichung im Vergleich zu den Ansätzen aus der Literaturrecherche (Kap. 4.4.1) erheblich geringer. Dies lässt darauf schließen, dass die Lackisolation der Leiter nicht vernachlässigt werden darf.

Der Aufbau des Modells *Block Seriell* (1) entspricht dem des Modells der axialen Wärmeleitfähigkeit (Abbildung 4.5). Da die Materialien bei Betrachtung der radialen Wärmeleitfähigkeit allerdings seriell durchströmt werden, sind die Einzelwiderstände hier in Reihe zu schalten. Dieses Modell *Block Seriell* (1) gibt die konservativsten Werte aus. Beim Modell *Quadrat Seriell* (2b) ist die resultierende Wärmeleitfähigkeit zu hoch.

Der Aufbau der Modelle *Kreis* (3) ist aus den Modellen *Quadrat* (2) abgeleitet (Abbildung 4.12). Dabei wird die quadratische Fläche des Kupfers in den Modellen *Kreis* (3) als Viertelkreis modelliert. Dies ist aufgrund der symmetrischen Geometrie zulässig.

Auf Basis der Ergebnisse in Abbildung 4.16 wird das Modell *Quadrat Kombiniert* (2c) empfohlen. Es stimmt mit dem Messwert sehr gut überein. Außerdem ist der Verlauf der Wärmeleitfähigkeit in Abhängigkeit des Füllfaktors dem des numerischen Modells ähnlich. Dies ist beispielsweise bei dem Modell *Kreis Seriell* (3b) nicht der Fall. Soll der Berechnungsaufwand weiter reduziert werden, wird das Modell *Quadrat Parallel* (2a) empfohlen. Die Ergebnisse sind jedoch etwas konservativer als im Modell *Quadrat Kombiniert* (2c).

4.5 Wärmeleitfähigkeit Wickelkopf

In diesem Kapitel werden Methoden zur Bestimmung der Wärmeleitfähigkeiten des Wickelkopfs untersucht. Zunächst wird in Kapitel 4.5.1 eine Literaturrecherche zu vorhandenen Untersuchungen durchgeführt. Anschließend werden in Kapitel 4.5.2 die Wärmeleitfähigkeiten im Versuch bestimmt. In Kapitel 4.5.3 wird ein hochaufgelöstes thermisches Modell verwendet, um in einem Abgleich mit Messdaten eines E-Maschinen-Stators die Wärmeleitfähigkeiten zu ermitteln. In Kapitel 4.5.4 wird ein Näherungsverfahren zur Berechnung der Wärmeleitfähigkeiten hergeleitet. Abschließend werden die Ergebnisse der vorgestellten Methoden vergleichend gegenübergestellt (Kap. 4.5.5).

Die Randbedingungen, welche die Bestimmung der Wärmeleitfähigkeiten
der Wicklung erschweren, stellen sich im Wickelkopf in verschärfter Form
dar. Dies soll anhand der Fertigung eines E-Maschinen-Stators und den daraus resultierenden geometrischen Gegebenheiten erläutert werden. Abbildung 4.17 zeigt die Wickelköpfe der betrachteten PMSM.

Abbildung 4.17: Wickelköpfe der betrachteten PMSM, links: Verschaltungsseite (B), rechts: Abtriebsseite (A)

Das Wickelschema in Abbildung 2.2 (S. 7) zeigt den Verlauf der Wicklungen in den Wickelköpfen. Die einzelnen Leiter liegen spulenweise gebündelt
vor. Allerdings ist die Position der Leiter innerhalb des Wickelkopfs nicht
definiert. Um die axiale Länge der Maschine möglichst gering zu halten,
werden die Wicklungen darüber hinaus axial gestaucht. Bauraum, der nicht
zum Drehmoment der Maschine beiträgt, wird dadurch reduziert. Für die
Anordnung der Leiter in den Wickelköpfen hat dies jedoch zur Folge, dass
ihre Position zufällig und nicht rekonstruierbar ist. Zusätzlich zu dieser Ge-
gebenheit werden auf der Verschaltungsseite der Maschine (B-Seite) die
Spulengruppen kontaktiert. Dies führt zu größeren Drahtlängen und nicht
exakt definierten Geometrien. Aufgrund der genannten Einflüsse und der
daraus resultierenden zufälligen Drahtanordnung ist die Modellierung der
Wickelköpfe sehr aufwändig. Die Auflösung der Leiter ist nur eingeschränkt
möglich und sinnvoll. Diesen Sachverhalt beschreibt beispielsweise auch
Staton in [46]. Ziel dieses Kapitels ist es, geeignete Methoden zur Bestimmung der Wärmeleitfähigkeiten der Wickelköpfe, zu identifizieren. Mit
diesen Wärmeleitfähigkeiten sollen thermische Modelle so bedatet werden,
dass belastbare Ergebnisse erzeugt werden können. Da die Temperaturverteilung der Maschine über den Umfang symmetrisch ist, ist die Wärmeleitung
in Umfangsrichtung von untergeordneter Bedeutung. Im Fokus stehen die
Wärmeleitfähigkeiten in radialer und axialer Richtung.

4.5.1   Literaturrecherche

Verglichen mit der Wärmeleitfähigkeit der Wicklung innerhalb der Nut, existieren zu der Wärmeleitfähigkeit der Wickelköpfe nur wenige Berechnungsansätze.

Polikarpova [85] beispielsweise schlägt vor die Werte der Wicklung auch für die Wärmeleitfähigkeit im Wickelkopf anzusetzen. Dabei wird angenommen, dass alle Leiter im Wickelkopf ausschließlich in Richtung des Umfangs zeigen.

Nategh [86] schlägt vor, die Wärmeleitfähigkeit des Wickelkopfes entsprechend der Volumenverhältnisse von Kupfer und Imprägnierung zu bestimmen. Dies entspricht der Wärmeleitfähigkeit in Leiterrichtung unter Berücksichtigung des Füllfaktors des Wickelkopfes.

Pradhan [81] wählt einen ähnlichen Ansatz. Die Leiter liegen im Wickelkopf ebenfalls geordnet vor, allerdings in der Form eines Halbkreises. Dieser Ansatz bildet die Verhältnisse einer Einzelzahnwicklung gut ab. In der Modellierung ist dann eine entsprechende Auflösung der Geometrie erforderlich, da die Stoffwerte ortsabhängig sind. Dieses Vorgehen führt Cai in [87] aus.

Huber [88] stellt Ergebnisse eines hochaufgelösten Wickelkopfmodells vor. Dieses wird in der FEM berechnet und anschließend in ein Ersatzmodell überführt.

Interessante Ausführungen enthält die Arbeit von Reitmaier [89]. Sie untersucht die Eigenschaften verkippter Multilagenstrukturen. Bei den Multilagenstrukturen handelt es sich um zweidimensionale Schichtaufbauten. Reitmaier berechnet die Stoffeigenschaften unter Verdrehung des Aufbaus im Koordinatensystem.

Die Erkenntnisse aus den verfügbaren Ansätzen reichen für die Modellierung der betrachteten PMSM nicht aus, da die Randbedingungen zu stark abweichen. Aus diesem Grund wird die Wärmeleitfähigkeit des Wickelkopfes mit unterschiedlichen Methoden untersucht. Abschließend werden die Ergebnisse diskutiert und miteinander verglichen.

4.5.2 Experimentelle Bestimmung

In diesem Kapitel werden die Wärmeleitfähigkeiten der Wickelköpfe mess-technisch bestimmt. Dazu sind Proben erforderlich, die in ihrer Gestalt die Verhältnisse im Wickelkopf abbilden. Im TIM-Tester werden die Wärmeleit-fähigkeiten der Proben gemessen.

Die Lage der Drähte im Wickelkopf ist zufällig und nicht ausreichend genau bekannt. Daher ist es nicht möglich Proben für diesen Zweck aufzubauen. Zudem kann der Einfluss des axialen Stauchens auf die Wickelkopfgeomet-rie nicht nachgestellt werden. Um die Verhältnisse dennoch möglichst exakt abzubilden, werden Proben direkt aus dem Stator der betrachteten PMSM entnommen. Die Entnahmepositionen und die Vorder- und Rückseite einer Probe werden in Abbildung 4.18 dargestellt. Die abgebildete Probe ist Teil des Wickelkopfes auf der Verschaltungsseite. Die linke Abbildung der Probe ist zur Nut gerichtet. Dies ist anhand der Nutgeometrie zu erkennen, welche die Leiter am Austritt aus dem Blechpaket aufweisen. Im rechten Bild der Probe ist im oberen Teil der eigentliche Wickelkopf und im unteren Teil die Verschaltung der Spulen zu sehen. Dieser Teil des Wickelkopfes ist zum Gehäuse gerichtet. Anhand dieser Schnitte wird die Inhomogenität der Wi-ckelköpfe abermals deutlich.

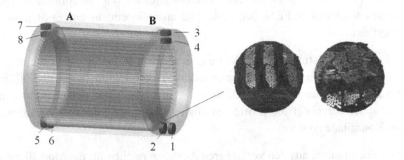

Abbildung 4.18: Experimentelle Bestimmung der Wärmeleitfähigkeiten der Wickelköpfe – Entnahmepositionen der Proben

Aufgrund der Abmessungen der Proben können nur Mittelwerte und keine örtliche Auflösung der Wärmeleitfähigkeiten bestimmt werden. Dies ist für die Bedatung des thermischen Modells allerdings ausreichend.

Die Ergebnisse der Messung sind in Tabelle 4.3 aufgeführt. Der Messfehler des TIM-Testers beträgt ± 10 %. Entscheidend ist hier jedoch die Beschaffenheit der Proben. Diese führt zu der starken Streuung der Messwerte. Zum einen sind die Oberflächen der Proben häufig nicht ausreichend eben, da Drähte und Isolationsmaterialien bei der Bearbeitung herausgerissen werden. Zum anderen variieren die Anteile der einzelnen Bestandteile des Verbunds stark. Die Proben 2 und 6 weisen sehr hohe Wärmeleitfähigkeiten auf, da hier sowohl an der Ober- als auch an der Unterseite Drähte frei liegen. Bei den anderen Proben ist eine Seite mit einer mehr oder weniger dicken Vergussschicht bedeckt. Ein vollständiges Freilegen der Drähte ist nicht möglich, ohne die Proben zu beschädigen. Folglich können die Werte aus Tabelle 4.3 im Detail nicht quantitativ herangezogen werden. Sie liefern aber konkrete Hinweise über die Größenordnung der zu erwartenden Wärmeleitfähigkeiten und zeigen erneut die Inhomogenität auf.

Tabelle 4.3:   Experimentelle Bestimmung der Wärmeleitfähigkeit der Wickelköpfe – Messwerte

Nr.	Wickelkopf B	Wickelkopf A	Orientierung Radial	Orientierung Axial	Wärmeleitfähigkeit /W/(m K)
1	X			X	1,0
2	X			X	18,9
3	X		X		2,4
4	X		X		2,9
5		X		X	4,2
6		X		X	20,9
7		X	X		5,3
8		X	X		3,1

4.5.3 Fitting der Wärmeleitfähigkeiten an Messungen

In diesem Abschnitt werden die Wärmeleitfähigkeiten der Wickelköpfe durch den Abgleich des hochaufgelösten thermischen Modells mit Messdaten bestimmt. Die Werte des Modells werden dabei so variiert, dass Berechnung und Messung übereinstimmen.

Für den Abgleich der Temperaturen werden die Messdaten des sogenannten Statorversuchs (siehe Kapitel 6.3, S. 98 f.) herangezogen. Dieser Statorversuch zeichnet sich dadurch aus, dass der Rotor entnommen und der Stator allein betrieben wird. Die Frequenz, der in die Wicklung eingeprägten Ströme, wird so gering wie möglich gewählt. Folglich können die frequenzabhängigen Eisenverluste vernachlässigt werden. Diese würden den Abgleich erschweren, da ihre Messung und lokale Zuordnung schwierig ist. Die einzig auftretende Verlustquelle sind die gut messbaren Kupferverluste in der Wicklung. Außerdem werden im Statorversuch stationäre Zustände analysiert. Die Temperaturen werden sowohl im Statorblechpaket und Gehäuse als auch in der Wicklung gemessen. Die Messdaten des verwendeten Betriebspunkts sind in Abbildung 6.5 (S. 98) abgebildet, hier jedoch nicht von wesentlicher Bedeutung. Nachteilig an dieser Methode sind die Unsicherheiten der Temperaturmessung sowie der entstehende Aufwand.

Für das thermische Modell wird die maximal mögliche Auflösung gewählt, da andernfalls der Diskretisierungsfehler das Ergebnis beeinträchtigt. Die Wickelköpfe sind in axialer und radialer Richtung mit jeweils 20 Massepunkten diskretisiert. Die Wärmeleitfähigkeiten werden in den Wickelköpfen ortsunabhängig als konstante Werte angenommen. Die Berechnung der Beharrungstemperaturen kann bei zu Null gesetzten Massen erfolgen (siehe Kapitel 4.1.3). Dies verringert die Rechenzeit erheblich.

Wie bereits erläutert, ist der Wickelkopf im thermischen Modell zweidimensional abgebildet. Aus diesem Grund sind die Wärmeleitfähigkeiten der Wickelköpfe in axialer und radialer Richtung zu bestimmen. Für beide wird ein Bereich von 4 bis 50 W/(m K) vorgegeben. Die Rasterung des Bereichs beträgt 2 W/(m K), um eine ausreichend große Anzahl an Stützstellen zu erzeugen. Würden die axiale und die radiale Wärmeleitfähigkeit der Wickelköpfe A und B unabhängig voneinander variiert, ergäben sich 24^4 Varianten. Dies würde in einer nicht akzeptablen Rechendauer resultieren. Deshalb werden die Wärmeleitfähigkeiten der beiden Wickelköpfe in der

Parametervariation gleichgesetzt. Die axiale Wärmeleitfähigkeit ist also in Wickelkopf A und B identisch. Das Gleiche gilt für die radiale Wärmeleitfähigkeit. Die axiale und radiale Wärmeleitfähigkeit sind voneinander unabhängig. Dadurch ergeben sich 24^2 Varianten. Anschließend erfolgt der Abgleich mit den Messdaten für beide Wickelköpfe separat. Dieses Vorgehen ist zulässig, da sich die Temperaturen der Wickelköpfe nur in geringem Maße gegenseitig beeinflussen. Da bei der betrachteten PMSM der Wickelkopf B (Verschaltungsseite) der temperaturkritische ist, wird aus Gründen der Übersichtlichkeit im Folgenden nur auf diesen eingegangen. Die Temperaturabweichung zwischen der gemessenen und berechneten maximalen Wickelkopftemperatur im Wickelkopf B zeigt Abbildung 4.19.

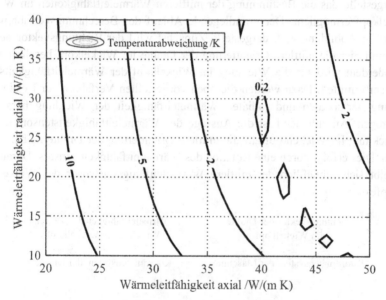

Abbildung 4.19: Absolute Temperaturabweichung zwischen Messung und Simulation bei Variation der Wärmeleitfähigkeiten (axial und radial) im Simulationsmodell (Wickelkopf B)

Für die betrachtete PMSM ergibt sich eine Linie minimaler Abweichung zwischen Messung und Berechnung für unterschiedliche Kombinationen aus axialer und radialer Wärmeleitfähigkeit. Für eine axiale Wärmeleitfähigkeit von 40 W/(m K) muss die radiale Wärmeleitfähigkeit beispielsweise 28 W/(m K) betragen. Andere Kombinationen entlang der genannten Linie

minimaler Abweichung sind ebenfalls denkbar. Der Einfluss der axialen
Wärmeleitfähigkeit ist dominierend. Dies lässt darauf schließen, dass die
Wickelköpfe sich primär über die Wicklung und das Statorblechpaket ent-
wärmen.

4.5.4   Rotation des Wärmeleitfähigkeitstensors

Wie bereits erläutert, ist es nicht ohne weiteres möglich, ein Berechnungsmodell des Wickelkopfes zu erstellen, in dem die einzelnen Leiter aufgelöst
werden. Aus diesem Grund wird in diesem Kapitel ein Näherungsverfahren
vorgestellt, das die Bestimmung der mittleren Wärmeleitfähigkeiten im Wickelkopf ermöglicht. Der grundlegende Ablauf des Berechnungsverfahrens
wird in Abbildung 4.20 dargestellt. Zunächst wird der Richtungsvektor bestimmt, der die mittlere Orientierung der Drähte im Wickelkopf beschreibt.
Außerdem wird für die Wicklung im Wickelkopf der Wärmeleitfähigkeitstensor ermittelt. Dazu werden die oben vorgestellten Verfahren zur Bestimmung der axialen und radialen Wärmeleitfähigkeit der Wicklung herangezogen. Anschließend ist die Aussage des Wärmeleitfähigkeitstensors der
Wicklung im Wickelkopf auf die mittlere Orientierung der Drähte zu bezie-
hen. Dies erfolgt durch eine Rotation des Wärmeleitfähigkeitstensors. Daraus
ergibt sich schließlich der mittlere Wärmeleitfähigkeitstensor des Wickelkopfes.

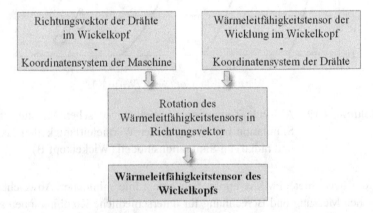

Abbildung 4.20: Schema des Berechnungsablaufs zur Bestimmung des
Wärmeleitfähigkeitstensors des Wickelkopfs

Im Folgenden werden die genannten Schritte detailliert beschrieben.

■ Richtungsvektor der Drähte im Wickelkopf

Die exakte Trajektorie der Drähte im Wickelkopf ist zwar nicht bestimmbar, eine mittlere Orientierung kann jedoch hergeleitet werden. In Abbildung 4.21 wird die Hüllgeometrie des Wickelkopfes dargestellt. Außerdem ist aus dem Wickelschema bekannt, in welchen Nuten die einzelnen Spulen liegen. Aus dieser Information ist eine Spule in die Hüllgeometrie so eingezeichnet, dass alle Ränder der Hüllgeometrie erreicht werden. Zusätzlich zu der Spule ist die Näherung der Trajektorie abgebildet, die im Folgenden zur Herleitung der Berechnungsmethode herangezogen wird. Diese Näherung erreicht ebenfalls alle Ränder der Hüllgeometrie. Außerdem beginnt und endet sie auf dem mittleren Durchmesser der Nut.

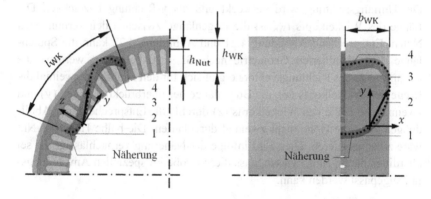

Abbildung 4.21: Wickelkopfhüllgeometrie und Darstellung einer Spule

Aus der Orientierung der eingezeichneten Näherungskurve lassen sich für die einzelnen Abschnitte vier Teilmodelle abstrahieren. Diese sind in Abbildung 4.21 markiert (Nr. 1 bis 4) und werden in Abbildung 4.22 detailliert gezeigt. Die eingezeichneten Richtungsvektoren zeigen jeweils in Richtung der Drähte.

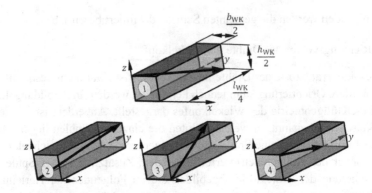

Abbildung 4.22: Abstrahierte Teilmodelle einer Spule im Wickelkopf

Die Umfangsrichtung wird gestreckt und als y-Richtung bezeichnet. Die Länge des Wickelkopfs l_{WK} ist die Bogenlänge zwischen den verbundenen Nuten. Entsprechend Abbildung 4.21 und Abbildung 4.22 kann die Spulenlänge der abstrahierten Geometrie nach Gl. 4.20 berechnet werden. Die Gesamtlänge des Richtungsvektors ergibt sich für den Draht, der zweimal die Breite des Wickelkopfs (x), die Bogenlänge der überbrückten Nuten (y) und zweimal die Höhe des Wickelkopfs (z) durchläuft. Entsprechend der Abbildungen wird die Höhe nicht zweimal durchlaufen. Die halbe Höhe der Nut wäre zu subtrahieren. Dies wird infolge der Näherung vernachlässigt. Es sei allerdings darauf hingewiesen, dass diese Größe im speziellen Anwendungsfall angepasst werden kann.

$$|\vec{r}_{WK}| = \sqrt{(2\,b_{WK})^2 + (l_{WK})^2 + (2\,h_{WK})^2} \neq l_{Cu,WK} \qquad \text{Gl. 4.20}$$

r_{WK}	Richtung der Drähte im Wickelkopf	/–
b_{WK}	Breite des Wickelkopfs	/m
l_{WK}	Bogenlänge des Wickelkopfs	/m
h_{WK}	Höhe des Wickelkopfs	/m
$l_{Cu,WK}$	Drahtlänge einer Spule im Wickelkopf	/m

Die tatsächliche Drahtlänge der Drähte im Wickelkopf wird aus fertigungstechnischen Aspekten festgelegt und ist damit bekannt. Wie in Gl. 4.20 beschrieben, weicht diese Länge in der Regel von der Länge des mittleren

Richtungsvektors ab. Demzufolge sind die Abmessungen des Richtungsvektors so zu korrigieren, dass die Drahtlänge und die Länge des mittleren Richtungsvektors identisch sind. Im Wickelkopf A (Abtriebsseite) weicht die Realität dahingehend von den oben genannten Annahmen ab, dass die Drähte nicht jeden Punkt der Hüllgeometrie erreichen können. Die tatsächliche Drahtlänge ist kleiner als die Länge des Richtungsvektors. Aus dieser Tatsache ist eine Korrektur nach Gl. 4.21 vorzunehmen. Der Korrekturfaktor steht ausschließlich in Zusammenhang mit der Höhe und der Breite des Richtungsvektors. Die Länge wird nicht angepasst, da die Drähte die beiden Nuten verbinden müssen. Die Korrektur für den Wickelkopf B (Verschaltungsseite) ergibt sich aus Gl. 4.22. Da die Situation grundlegend mit der für den Wickelkopf A beschriebenen übereinstimmt, wird für die Korrektur der Breite und Höhe derselbe Korrekturfaktor verwendet. Allerdings wird in Wickelkopf B die Verschaltung der Spulen vorgenommen. Diese zusätzliche Drahtlänge liegt ausschließlich in Umfangsrichtung, wie in Abbildung 4.17 (links) ersichtlich. Aus diesem Grund wird für den Wickelkopf B ein zusätzlicher Korrekturfaktor eingeführt. Dieser modifiziert die Bogenlänge des Richtungsvektors. Aus den Erläuterungen ergibt sich, dass $k_{\mathrm{WK\,A}}$ kleiner und $k_{\mathrm{WK\,B}}$ größer als Eins ist. Die resultierenden mittleren Richtungsvektoren ergeben sich nach Gl. 4.23 und Gl. 4.24.

$$l_{\mathrm{Cu,WK\,A}} = \sqrt{(2\,k_{\mathrm{WK\,A}}\,b_{\mathrm{WK\,A}})^2 + (l_{\mathrm{WK}})^2 + (2\,k_{\mathrm{WK\,A}}\,h_{\mathrm{WK\,A}})^2} \qquad \text{Gl. 4.21}$$

$$l_{\mathrm{Cu,WK\,B}} = \sqrt{(2\,k_{\mathrm{WK\,A}}\,b_{\mathrm{WK\,B}})^2 + (k_{\mathrm{WK\,B}}\,l_{\mathrm{WK}})^2 + (2\,k_{\mathrm{WK\,A}}\,h_{\mathrm{WK\,B}})^2} \qquad \text{Gl. 4.22}$$

$$\vec{r}_{\mathrm{Cu,WK\,A}} = \begin{bmatrix} 2\,k_{\mathrm{WK\,A}}\,b_{\mathrm{WK\,A}} \\ l_{\mathrm{WK}} \\ 2\,k_{\mathrm{WK\,A}}\,h_{\mathrm{WK\,A}} \end{bmatrix} \qquad \text{Gl. 4.23}$$

$$\vec{r}_{\mathrm{Cu,WK\,B}} = \begin{bmatrix} 2\,k_{\mathrm{WK\,A}}\,b_{\mathrm{WK\,B}} \\ k_{\mathrm{WK\,B}}\,l_{\mathrm{WK}} \\ 2\,k_{\mathrm{WK\,A}}\,h_{\mathrm{WK\,B}} \end{bmatrix} \qquad \text{Gl. 4.24}$$

$l_{\mathrm{Cu,WK\,A}}$	Drahtlänge einer Spule im Wickelkopf A	/m
$l_{\mathrm{Cu,WK\,B}}$	Drahtlänge einer Spule im Wickelkopf B	/m
$k_{\mathrm{WK\,A}}$	Korrekturfaktor Wickelkopf A	/−
$k_{\mathrm{WK\,B}}$	Korrekturfaktor Wickelkopf B	/−
$r_{\mathrm{Cu,WK\,A}}$	Korrigierte Richtung der Drähte in WK A	/−
$r_{\mathrm{Cu,WK\,B}}$	Korrigierte Richtung der Drähte in WK B	/−

Es ergeben sich also jeweils vier Richtungsvektoren für die A- und die B-Seite. Der Betrag der vier Vektoren je Seite ist identisch, sie unterscheiden sich allerdings in den Vorzeichen einzelner Einträge. Jede Spule weist abschnittsweise alle vier Richtungsvektoren auf. In jedem Bereich des Wickelkopfs befinden sich Spulen der unterschiedlichen Abschnitte. Folglich wird die Wärmeleitfähigkeit über den gesamten Wickelkopf als konstant angenommen. Dazu werden später in diesem Kapitel die vier Wärmeleitfähigkeitstensoren der Abschnitte überlagert.

■ Bestimmung des Wärmeleitfähigkeitstensors der Wicklung im Wickelkopf

Die Bestimmung des Wärmeleitfähigkeitstensors erfolgt mit den oben eingeführten Verfahren. Dabei wird die Wärmeleitfähigkeit in Drahtrichtung und quer zur Drahtrichtung bestimmt. Daraus ergibt sich der Wärmeleitfähigkeitstensor der Wicklung im Wickelkopf nach Gl. 4.25. Den zugehörigen Richtungsvektor des Wärmeleitfähigkeitstensors gibt Gl. 4.26 wieder. Dieser Richtungsvektor zeigt, wie oben definiert, in Richtung der Drähte.

$$\lambda_{0,WK} = \begin{bmatrix} \lambda_{0,WK,ax} & 0 & 0 \\ 0 & \lambda_{0,WK,rad} & 0 \\ 0 & 0 & \lambda_{0,WK,rad} \end{bmatrix} \qquad \text{Gl. 4.25}$$

$$\vec{r}_{\lambda,0,WK} = \begin{bmatrix} 1 \\ 0 \\ 0 \end{bmatrix} \qquad \text{Gl. 4.26}$$

$\lambda_{0,WK}$	Wärmeleitfähigkeitstensor des Wickelkopfs in Koordinaten der Wicklung	$/\,W/(m\,K)$
$\lambda_{0,WK,ax}$	Wärmeleitfähigkeit der Wicklung im Wickelkopf in Drahtrichtung	$/\,W/(m\,K)$
$\lambda_{0,WK,rad}$	Wärmeleitfähigkeit der Wicklung im Wickelkopf quer zur Drahtrichtung	$/\,W/(m\,K)$
$r_{\lambda,0,WK}$	Richtung Wärmeleitfähigkeitstensor des Wickelkopfs in Koordinaten der Wicklung	$/-$

■   Rotation des Wärmeleitfähigkeitstensors

Die mittlere Richtung der Drähte im Wickelkopf kann infolge der obigen Betrachtung als bekannt angenommen werden. Darüber hinaus ist der Wärmeleitfähigkeitstensor für den Verbundwerkstoff bekannt, wenn die Richtung der Drähte mit einer Koordinatenachse der Maschine zusammenfällt. Dies ist im Wickelkopf nicht der Fall. Folglich ist der Wärmeleitfähigkeitstensor aus seiner bekannten Richtung (meist wird die x-Achse gewählt, siehe Gl. 4.26) in die Richtung der Drähte im Wickelkopf zu drehen. Dieser Zusammenhang wird in Abbildung 4.23 schematisch dargestellt.

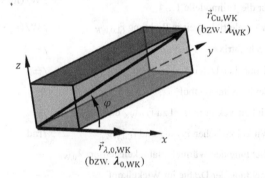

Abbildung 4.23: Rotation des Wärmeleitfähigkeitstensors in die ermittelte Richtung der Drähte im Wickelkopf

Die zugehörige Rechenoperation beschreibt Gl. 4.27 [90]. Die erforderliche Rotationsmatrix gibt Gl. 4.28 wieder [91]. Das verwendete Levi-Civita-Symbol und Kronecker-Delta sind beispielsweise in [92] nachzuschlagen. Der erforderliche Normalenvektor der beiden Richtungsvektoren berechnet sich nach Gl. 4.29 [93], der Winkel zwischen den Richtungsvektoren nach Gl. 4.30 [93].

$$\lambda_{\text{WK},1\ldots4} = \mathbf{R} \cdot \lambda_{0,\text{WK}} \cdot \mathbf{R}^{-1} \qquad\qquad \text{Gl. 4.27}$$

$$\mathbf{R}_{ij} = (1 - \cos\varphi)e_{\text{n},i}e_{\text{n},j} + \delta_{ij}\cos\varphi - \varepsilon_{ijk}e_{\text{n},k}\sin\varphi \qquad \text{Gl. 4.28}$$

$$\vec{e}_{\text{n}} = \frac{\vec{r}_{\lambda,0,\text{WK}} \times \vec{r}_{\text{Cu},\text{WK}}}{\left|\vec{r}_{\lambda,0,\text{WK}} \times \vec{r}_{\text{Cu},\text{WK}}\right|} \qquad\qquad \text{Gl. 4.29}$$

$$\varphi = \arccos\left(\frac{\vec{r}_{\lambda,0,\text{WK}} \cdot \vec{r}_{\text{Cu},\text{WK}}}{\left|\vec{r}_{\lambda,0,\text{WK}}\right| \left|\vec{r}_{\text{Cu},\text{WK}}\right|}\right) \qquad\qquad \text{Gl. 4.30}$$

$\lambda_{\text{WK},1\ldots4}$	Mittlere Wärmeleitfähigkeit des Wickelkopfs für die Teilmodelle 1…4	/ W/(m K)
$\lambda_{0,\text{WK}}$	Wärmeleitfähigkeit in Richtung $\vec{r}_{\lambda,0,WK}$	/ W/(m K)
$\mathbf{R}_{ij}$	Drehmatrix	/−
δ_{ij}	Kronecker-Delta	/−
ε_{ijk}	Levi-Civita-Symbol	/−
$\vec{e}_{\text{n}}$	Einheitsvektor normal zu $\vec{r}_{\lambda,0,\text{WK}}$ und $\vec{r}_{\text{Cu},\text{WK}}$	/−
φ	Winkel zwischen $\vec{r}_{\lambda,0,\text{WK}}$ und $\vec{r}_{\text{Cu},\text{WK}}$	/rad
$r_{\lambda,0,\text{WK}}$	Richtung des Wärmeleitfähigkeitstensors $\lambda_{0,\text{WK}}$	/−
$r_{\text{Cu},\text{WK}}$	Richtung der Drähte im Wickelkopf	/−

■ Superposition

Aus den gezeigten Schritten ergeben sich vier Wärmeleitfähigkeitstensoren. Je einer dieser vier Wärmeleitfähigkeitstensoren gehört zu je einem der vier Teilmodelle aus Abbildung 4.22. Im Folgenden wird gezeigt, wie der mittlere Wärmeleitfähigkeitstensor durch Superposition der vier vorhandenen Tensoren bestimmt wird. Dabei wird angenommen, dass überall im Wickelkopf gleichermaßen Bereiche aller Teilmodelle vorliegen. Das Prinzip zeigt Abbildung 4.24.

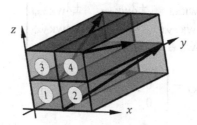

Abbildung 4.24: Superposition der vier Teilmodelle zur Bestimmung des mittleren Wärmeleitfähigkeitstensors

Die allgemeine Form der Energiebilanz für einen Massepunkt unter Verwendung der Fourierschen Wärmeleitungsgleichung gibt Gl. 4.31 wieder [37]. Unter Verwendung des Satzes von Schwarz (z.B. in [94]) ergibt sich für den zweidimensionalen Fall Gl. 4.32. Dies entspricht dem von Carslaw und Jaeger [95] beschriebenen Zusammenhang unter der Verwendung der Bedingung $\lambda_{xz} = \lambda_{zx}$.

$$\rho\, c\, \frac{\partial \vartheta}{\partial t} = \text{div}(\lambda\, \text{grad}\, \vartheta) + \dot{W}_q \qquad \text{Gl. 4.31}$$

$$\rho\, c\, \frac{\partial \vartheta}{\partial t} = \lambda_x \frac{\partial^2 \vartheta}{\partial x^2} + 2\,\lambda_{xz} \frac{\partial^2 \vartheta}{\partial x\, \partial z} + \lambda_z \frac{\partial^2 \vartheta}{\partial z^2} + \dot{W}_q \qquad \text{Gl. 4.32}$$

Die vier Richtungsvektoren der Teilmodelle unterscheiden sich ausschließlich in den Vorzeichen der Komponenten (siehe auch Abbildung 4.22). Die Beträge der Komponenten sind identisch. Aus diesem Grund ergeben sich die Wärmeleitfähigkeitstensoren der Teilmodelle entsprechend Gl. 4.33. Der Vorfaktor ergibt sich aus den in Abbildung 4.24 dargestellten Flächenverhältnissen. Alle Einträge sind für alle Teilmodelle betragsmäßig identisch. Wird Gl. 4.33 für alle vier Abschnitte in Gl. 4.32 eingesetzt, gleichen sich die Koeffizienten λ_{xz} aufgrund ihrer Vorzeichen zu Null aus. Die Koeffizienten der Hauptdiagonale hingegen addieren sich. Folglich kann eine Addition der vier Wärmeleitfähigkeitstensoren der einzelnen Abschnitte im Sinne einer Superposition zu Gl. 4.34 durchgeführt werden.

$$\lambda_{\mathrm{WK},i} = \frac{1}{4} \begin{bmatrix} \lambda_{\mathrm{WK},x,i} & \pm\lambda_{\mathrm{WK},xy,i} & \pm\lambda_{\mathrm{WK},xz,i} \\ \pm\lambda_{\mathrm{WK},xy,i} & \lambda_{\mathrm{WK},y,i} & \pm\lambda_{\mathrm{WK},yz,i} \\ \pm\lambda_{\mathrm{WK},xz,i} & \pm\lambda_{\mathrm{WK},yz,i} & \lambda_{\mathrm{WK},z,i} \end{bmatrix} \qquad \text{Gl. 4.33}$$

$$\lambda_{\mathrm{WK}} = \sum_i \lambda_{\mathrm{WK},i} = \begin{bmatrix} \lambda_{\mathrm{WK},x} & 0 & 0 \\ 0 & \lambda_{\mathrm{WK},y} & 0 \\ 0 & 0 & \lambda_{\mathrm{WK},z} \end{bmatrix} \qquad \text{Gl. 4.34}$$

i Teilmodell mit $i = 1 \dots 4$ $/-$

Da die vier Teilmodelle gleichermaßen in den mittleren Wärmeleitfähigkeitstensor eingehen, ist es ausreichend, den Tensor eines Teilmodells zu bestimmen. Der Wärmeleitfähigkeitstensor des Wickelkopfs kann dann durch Übernahme der Einträge auf der Hauptdiagonalen bestimmt werden, da diese identisch sind $\lambda_{\mathrm{WK},x|y|z,i} = \lambda_{\mathrm{WK},x|y|z}$.

■ Zusammenfassung des Verfahrens

Das Näherungsverfahren zur Bestimmung der Wärmeleitfähigkeit ist entsprechend des Schemas in Abbildung 4.20 strukturiert.

Zunächst ist der Richtungsvektor der Leiter im Wickelkopf zu bestimmen. Dieser beschreibt die mittlere Orientierung der Leiter. Aufgrund des Stauchens bei der Fertigung und der Verschaltung der Spulen sind Korrekturfaktoren zu verwenden.

Außerdem ist die Wärmeleitfähigkeit des Verbundwerkstoffs *Wickelkopf* zu bestimmen. Dazu werden die in Kapitel 4.3 und 4.4 vorgestellten Verfahren vorgeschlagen.

Anschließend wird das Koordinatensystem der Wärmeleitfähigkeitstensoren in die Richtung des zugehörigen Richtungsvektors rotiert. Ergebnis ist ein voll besetzter Wärmeleitfähigkeitstensor.

Die Wärmeleitfähigkeit der beiden Wickelköpfe in den Koordinatenrichtungen kann abschließend aus der Hauptdiagonalen des Wärmeleitfähigkeitstensors abgelesen werden, da sich die anderen Koeffizienten aufheben.

4.5.5 Vergleich der Ansätze

Abschließend werden die vorgestellten Ansätze zur Bestimmung des Wärmeleitfähigkeitstensors im Wickelkopf verglichen. Dies erfolgt anhand des zweidimensionalen Wärmeleitfähigkeitstensors des Wickelkopfs B. Die betrachteten Raumrichtungen sind die axiale (x) und radiale Richtung (z) der betrachteten PMSM, da die Umfangsrichtung (y) im thermischen Modell nicht berücksichtigt wird (siehe auch Abbildung 4.21). Tabelle 4.4 zeigt die Wärmeleitfähigkeitstensoren, die sich entsprechend der erläuterten Methoden für die betrachtete PMSM ergeben. Für die Werte des Fittings ist die oben genannte Kombination aufgeführt. Andere Kombinationen aus axialer und radialer Wärmeleitfähigkeit sind ebenfalls möglich (siehe Abbildung 4.19).

Tabelle 4.4: Vergleich der erläuterten Methoden zur Bestimmung des Wärmeleitfähigkeitstensors im Wickelkopf B

Methode	Wärmeleitfähigkeitstensor $\lambda_{\text{WK B}}$ / W/(m K)
Erläuterung zum Koordinatensystem	$\begin{bmatrix} \lambda_{\text{WK},x} = \lambda_{\text{WK,axial}} & \lambda_{\text{WK},xz} = 0 \\ \lambda_{\text{WK},xz} = 0 & \lambda_{\text{WK},z} = \lambda_{\text{WK,radial}} \end{bmatrix}$
Verwendung der Daten aus der Nut nach Polikarpova [85]	$\begin{bmatrix} 0{,}99 & 0 \\ 0 & 0{,}99 \end{bmatrix}$
Experimentell	$\begin{bmatrix} 1{,}0 \dots 18{,}9 & 0 \\ 0 & 2{,}4 \dots 2{,}9 \end{bmatrix}$
Fitting an Messdaten der PMSM	$\begin{bmatrix} 40 & 0 \\ 0 & 28 \end{bmatrix}$
Rotation des Wärmeleitfähigkeitstensors	$\begin{bmatrix} 33{,}2 & 0 \\ 0 & 12{,}3 \end{bmatrix}$

Es ist zu erwarten, dass die tatsächlichen Werte etwas geringer als die des Fittings sind. Grund ist, dass diese auf Temperaturmessungen im realen Wickelkopf beruhen. Die Messfehler dieser Temperaturmessung werden in

Kapitel 6.2 (S. 93 ff.) ausführlich diskutiert und führen zu gemessenen Temperaturen, die geringer als die tatsächlichen Temperaturen sind. Die höheren tatsächlichen Temperaturen würden bei der Parametervariation dann zu einer geringeren Wärmeleitfähigkeit führen.

Infolge der erläuterten Erkenntnisse zeigt sich, dass ein unveränderter Übertrag der Wärmeleitfähigkeitswerte der Nut auf den Wickelkopf ungeeignet ist. Aufgrund der wesentlich unterschiedlichen Randbedingungen ergeben sich sehr hohe Abweichungen.

Die im TIM-Tester experimentell bestimmten Werte weichen ebenfalls vergleichsweise deutlich von denen des Fittings ab. Die gemessenen Werte sind geringer. Dies ist auf die genannte Beschädigung der Proben infolge der mechanischen Bearbeitung zurückzuführen. Die Größenordnung der Werte insbesondere in axialer Richtung bestätigt allerdings die bis hierhin erläuterten Zusammenhänge. Außerdem zeigt sich eine höhere Wärmeleitfähigkeit in axialer als in radialer Richtung.

Die Größenordnungen der mit der Methode der Tensorrotation ermittelten Werte, stimmen mit denen des Fittings überein. Für die Qualität der Werte der Tensorrotation spricht insbesondere die Erwartung, dass die tatsächlichen Werte geringer als die des Fittings sind. Aus Abbildung 4.19 (S. 63) kann abgelesen werden, dass die Werte der Tensorrotation zu einer maximalen Wickelkopftemperatur führen, die 5 K höher als die gemessene ist. Dies liegt im Bereich des Messfehlers einer Temperaturmessung im Wickelkopf elektrischer Maschinen. Folglich liefert das vorgestellte Näherungsverfahren gute Werte für die Wärmeleitfähigkeit im Wickelkopf der betrachteten PMSM.

4.6   Diskretisierung

In diesem Kapitel wird die Diskretisierung des thermischen Modells untersucht. Die Diskretisierung des Raums betrifft die Anzahl der verwendeten Massepunkte zur Beschreibung der Geometrie. Die Diskretisierung der Zeit beschreibt die Größe des Zeitschritts. Zunächst werden die Erkenntnisse vorhandener Untersuchungen beschrieben (Kap. 4.6.1). Anschließend wird der Zusammenhang zwischen der Diskretisierung des Raums und der Zeit beschrieben. Dabei wird das Stabilitätskriterium als Entscheidungsgröße verwendet (Kap. 4.6.2). Abschließend wird anhand der betrachteten PMSM eine Methode vorgestellt, mit der eine geeignete Diskretisierung des Raums und der Zeit ermittelt werden kann (Kap. 4.6.3 und 4.6.4).

4.6.1 Literaturrecherche

Der Einfluss der Diskretisierung thermischer Modelle ist Bestandteil einiger Veröffentlichungen. Über einige relevante Arbeiten wird im Folgenden ein Überblick gegeben.

Staton [80] verwendet für die Wicklung ein Modell, das aus konzentrischen Kupfer- und Isolationsringen aufgebaut ist. Für dieses Modell empfiehlt Nategh [86] die Verwendung von jeweils fünf Ringen. Dies entspricht fünf Massepunkten im Modell dieser Arbeit. Außerdem soll eine Auflösung der Aktivteile in axialer Richtung von fünf Massepunkten zu einer vernachlässigbaren Abweichung gegenüber einem FEM-Modell führen.

Kral [96] empfiehlt ebenfalls fünf Elemente für die Aktivteile in axialer Richtung. Radial wird keine höhere Auflösung diskutiert. Gleiches gilt für die Diskretisierung der Wickelköpfe.

Kylander [48] verwendet elf Massepunkte in axialer Richtung. Im Zahn verwendet er zwei Massepunkte in radialer Richtung. In Summe ergeben sich 107 Massepunkte für das Modell.

Qi [97] betrachtet die Auflösung der Wicklung radial und in Umfangsrichtung. Es werden konvergierende Zielgrößen bei zunehmender Diskretisierung beobachtet. Empfohlen wird eine Anzahl von mindestens drei Massepunkten jeweils in radialer und in Umfangsrichtung.

Idoughi [72] erstellt ein thermisches Modell ausschließlich für die Nut. Die Empfehlung lautet vier Massepunkte in radialer und drei Massepunkte in Umfangsrichtung zu verwenden. Dieses Modell liefert gute Übereinstimmungen mit einem FEM-Modell.

Die empfohlenen Werte in den Veröffentlichungen lassen keine allgemeingültige Schlussfolgerung für die Auflösung des thermischen Modells zu. In

den genannten Arbeiten beschränken sich die Untersuchungen auf die
Diskretisierung der Aktivteile. Da hier ein gesamtheitlicher Ansatz vorgeschlagen werden soll und die erforderliche Auflösung stark von den Randbedingungen abhängt, wird sie im Folgenden für die betrachtete PMSM
untersucht. Darüber hinaus soll eine allgemeingültige Methode zur Bestimmung einer geeigneten Diskretisierung abgeleitet werden.

4.6.2 Stabilitätskriterium

Die grundlegenden Zusammenhänge der Diskretisierung werden anhand des
in Abbildung 4.2 (S. 34) abgebildeten Modells untersucht. Zum einen wird
die Auflösung in den Raumrichtungen kontinuierlich erhöht. Zum anderen
wird der Zeitschritt des Modells kontinuierlich reduziert. Dazu wird die
Anzahl der inneren Iterationen erhöht (entsprechend Abbildung 4.1, S. 31).
Wesentlich ist die Konvergenz der Zielgrößen mit zunehmender Auflösung.
Üblicherweise wird die Auflösung bis zur Erfüllung eines Konvergenz-
kriteriums erhöht. Da hier die grundlegenden Zusammenhänge analysiert
werden sollen, werden beide Auflösungen hingegen solange erhöht, bis das
zugehörige Modell mit der verfügbaren Rechenleistung gerade noch in
vertretbarer Zeit berechnet werden kann.

Um sowohl die räumliche als auch die zeitliche Auflösung bewerten zu können, werden die entstehenden Bauteiltemperaturen für einen repräsentativen
Fahrzyklus berechnet. Hierfür wird der Zyklus *Nürburgring* gewählt. Dieser
wird zwei Mal nacheinander durchfahren. Analysiert wird die maximal auftretende Temperatur im Wickelkopf, da dies die Zielgröße des Modells ist.
Das Ergebnis der Untersuchung zeigt Abbildung 4.25.

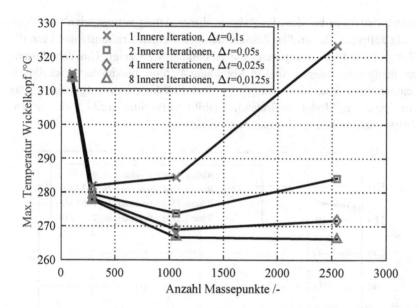

Abbildung 4.25: Abhängigkeit der maximalen Wickelkopftemperatur von der Diskretisierung

Die maximale Wickelkopftemperatur konvergiert mit zunehmender Anzahl an Massepunkten, wenn die Anzahl innerer Iterationen hoch ist. Bei hoher Auflösung des Raums und geringer Auflösung der Zeit divergiert die Temperatur. Divergenz kann anhand des Stabilitätskriteriums detektiert werden. Die aus beispielsweise [39] bekannte Formulierung für die explizite Berechnung eindimensionaler Wärmeleitung gibt Gl. 4.35 wieder. Für stabiles Verhalten gilt die Forderung $s_{FTCS} < 0{,}5$. Für das in dieser Arbeit verwendete Berechnungsverfahren (Kap. 4.1) wird das Stabilitätskriterium entsprechend Gl. 4.36 formuliert. Zu fordern ist $s_{RC} \leq 1$. Die Forderungen ergeben sich infolge der Betrachtungsweisen. Die Aussage der beiden Formeln ist identisch. Die wesentliche Aussage ist, dass der Zeitschritt kleiner als die kleinste im Modell vorkommende Zeitkonstante sein muss.

$$s_{FTCS} = \frac{\lambda}{\rho\, c} \frac{\Delta t}{(\Delta x)^2} \qquad\qquad \text{Gl. 4.35}$$

$$s_{RC} = \frac{\Delta t}{\tau} = \frac{\Delta t}{m_i\, c_i\, R_{th,i,Ers}} \qquad\qquad \text{Gl. 4.36}$$

Instabilität kann bei dem im Rahmen dieser Arbeit verwendeten Verfahren nicht auftreten. Bei großen Zeitschritten und kleinen Zeitkonstanten kann die Zielgröße jedoch divergieren, wie Abbildung 4.25 zeigt. Um den Zusammenhang offenzulegen, sind in Abbildung 4.26 die maximalen Wickelkopftemperaturen über dem maximalen Stabilitätskriterium aufgetragen. Das maximale im Modell auftretende Stabilitätskriterium ergibt sich für den Massepunkt mit der geringsten Zeitkonstanten.

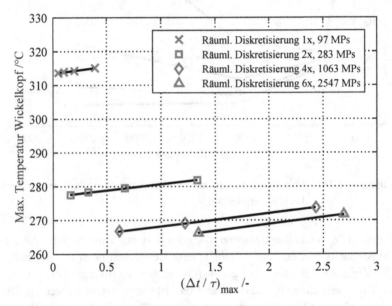

Abbildung 4.26: Abhängigkeit der maximalen Wickelkopftemperatur vom Stabilitätskriterium (MP: Massepunkt)

Betrachtet man Abbildung 4.25 und 4.26, so ist zu erkennen, dass die maximale Wickelkopftemperatur für $s_{RC} > 1$ divergiert. Folglich wird die Verwendung des Stabilitätskriteriums als Bewertungsgröße für das Verhältnis aus Zeitschritt des Modells und minimal auftretender Zeitkonstante empfohlen. Ziel ist das Erreichen von $s_{RC,max} \leq 1$. Anhand der gezeigten Vorgehensweise lassen sich die Zusammenhänge analysieren, sie ist jedoch mit einem vergleichsweise hohen Rechenaufwand verbunden. Daher wird diese Vorgehensweise nicht für die Ermittlung einer geeigneten Diskretisierung empfohlen. Ein verkürztes Verfahren ist Inhalt des folgenden Kapitels.

4.6.3 Diskretisierung des Raums

Die Diskretisierung des Raums kann separat betrachtet werden, indem der stationäre Zustand in einem repräsentativen Betriebspunkt berechnet wird. Die Wahl eines repräsentativen Betriebspunkts ergibt sich aus den Zusammenhängen in Kapitel 2.1.3 und wird in Abbildung 4.27 dargestellt.

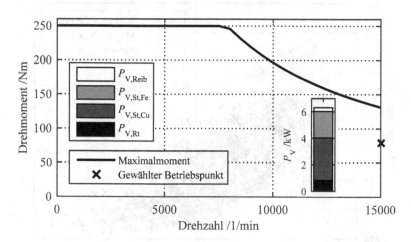

Abbildung 4.27: Drehzahl-Drehmoment-Kennfeld mit Betriebspunkt zur Untersuchung der Diskretisierung des Raums

Der Betriebspunkt wird so gewählt, dass alle Verlustanteile in nennenswerter Größe auftreten. Darüber hinaus sollen die Verluste so hoch sein, dass die entstehenden Bauteiltemperaturen den gesamten Betriebsbereich abdecken. Das heißt, die entstehenden Bauteiltemperaturen sollen knapp oberhalb der Grenztemperaturen liegen. Andererseits sollen sie auch nicht unrealistisch hoch sein. Sehr hohe Bauteiltemperaturen führen zu verstärktem Einfluss der Diskretisierung. Folglich würde der Diskretisierungseinfluss zu kritisch bewertet.

Die Analyse eines Beharrungszustands bietet den Vorteil, dass die Rechendauer minimal ist. Für die Berechnung des Zyklus sind 8000 Zeitschritte erforderlich, für die Berechnung der Beharrungstemperaturen lediglich drei Zeitschritte (siehe Kap. 4.1.3). Folglich ist es möglich, eine Vielzahl an Kombinationen für die Diskretisierung des Raums zu analysieren. Dazu werden die oben eingeführten Diskretisierungsparameter (siehe Kap. 4.1.2)

unabhängig voneinander variiert. Die Beharrungstemperaturen der Zielgrößen *maximale Wickelkopftemperatur* und *maximale Magnettemperatur* für
unterschiedliche Diskretisierungsvarianten zeigt Abbildung 4.28. Es wird
deutlich, dass nicht allein die Anzahl der Massepunkte die Genauigkeit des
Modells bestimmt. Entscheidend ist vielmehr ihre Positionierung.

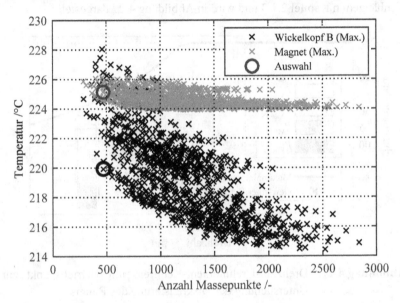

Abbildung 4.28: Variation der Diskretisierung des Raums – Maximale
Wickelkopf- und Magnettemperatur bei stationärem Betrieb

Anzustreben ist eine Beharrungstemperatur, die sich der netzunabhängigen
Lösung annähert. Die netzunabhängige Lösung stellt sich bei der maximal
möglichen Anzahl an Massepunkten ein. Darüber hinaus ist das Ziel, dieses
Berechnungsergebnis mit einer möglichst geringen Anzahl an Massepunkten
zu erreichen, um die Rechenzeit minimal zu halten. Bei einem solchen Optimierungsproblem können nicht beide Ziele erreicht werden. Im vorliegenden
Fall wird beispielhaft die in Abbildung 4.28 markierte Diskretisierungs-
variante gewählt. Diese zeichnet sich durch die minimale Anzahl an Massepunkten aus, wenn die Abweichung der Wickelkopftemperatur zur netzunabhängigen Lösung kleiner als 5 K sein soll. Die Eigenschaften dieser Variante
sind in Tabelle 4.5 der netzunabhängigen Lösung gegenübergestellt.

Tabelle 4.5:   Variation der Diskretisierung des Raums – Vergleich des
                     gewählten Modells mit der netzunabhängigen Lösung

Parameter	Gewähltes Modell	Netzunabhängige Lösung
Diskretisierung Aktivteile axial	8	12
Diskretisierung Statorrücken radial	6	14
Diskretisierung Wicklung / Zähne radial	4	12
Diskretisierung Wicklung Umfangsrichtung	4	8
Diskretisierung Wickelkopf axial	8	24
Anzahl Massepunkte gesamt	471	2835
Maximaltemperatur Wickelkopf	219,9 °C	214,9 °C
Maximaltemperatur Magnet	225,2 °C	224,1 °C

4.6.4   Diskretisierung der Zeit

Die Diskretisierung der Zeit wird anhand des Einflusses des Zeitschritts
untersucht. Für diese Untersuchung wird die räumliche Diskretisierung aus
dem vorherigen Abschnitt verwendet. Es wird der repräsentative Zyklus
Nürburgring mit unterschiedlichen Zeitschritten berechnet. Das Ergebnis
zeigt Tabelle 4.6. Die Größe des Zeitschritts ist der Anzahl innerer

Iterationen umgekehrt proportional (entsprechend des in Kap. 4.1.1 genannten Berechnungsablaufs).

Tabelle 4.6:   Diskretisierung der Zeit – Einfluss der Anzahl innerer Iterationen bei dem Zyklus *Nürburgring*

Anzahl innerer Iterationen	1	2	4	8
Zeitschritt	0,1 s	0,05 s	0,025 s	0,0125 s
Maximaltemperatur Wickelkopf	276,0 °C	272,5 °C	270,8 °C	270,0 °C
Maximaltemperatur Magnet	179,3 °C	178,5 °C	178,0 °C	177,8 °C
Maximales Stabilitätskriterium	1,89	0,95	0,47	0,24
Rechendauer	416 s	878 s	1752 s	10128 s

Es zeigt sich, dass die maximale Wickelkopf- und Magnettemperatur mit zunehmender Anzahl innerer Iterationen konvergieren. Das definierte Ziel $s_{max} \leq 1$ ergibt sich ab zwei inneren Iterationen. Die Abweichung der Wickelkopftemperatur vom Ergebnis der maximalen, zeitlichen Auflösung beträgt 2,5 K. Um die Abweichung geringer zu halten, werden im Folgenden vier innere Iterationen verwendet, da die Rechendauer noch akzeptabel ist.

4.7   Einfluss der Leiterlänge in Wickelkopf B

Die Leiterlänge des Wickelkopfs B erhöht sich gegenüber der Leiterlänge in Wickelkopf A infolge der Verschaltung der Spulen. Folglich fallen im Wickelkopf B höhere Kupferverluste an. In Abbildung 4.29 sind die maximal auftretenden Bauteiltemperaturen für *2 Runden Nürburgring* in Abhängigkeit der zusätzlichen Leiterlänge im Wickelkopf B aufgetragen.

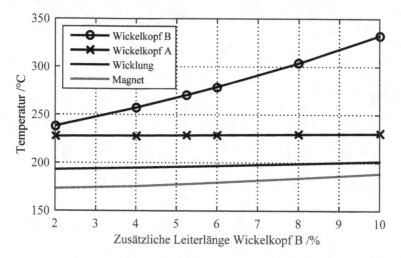

Abbildung 4.29: Maximaltemperaturen bei *2 Runden Nürburgring* in Abhängigkeit der Leiterlänge im Wickelkopf B

Die zusätzliche Leiterlänge der betrachteten PMSM beträgt 5,3 %. Die Temperatur des Wickelkopfs B steigt am stärksten und überproportional mit der zusätzlichen Leiterlänge an. Der Grund ist, dass die anfallenden Verluste proportional mit der Leiterlänge zunehmen. Dadurch steigt die Temperatur im Wickelkopf. Infolge der Temperatursteigerung nehmen die Kupferverluste infolge ihrer Temperaturabhängigkeit abermals zu, wodurch die Temperatur letztendlich überproportional ansteigt. Die Temperaturen des Wickelkopfs A, der Wicklung in der Nut und der Magnete bleiben weitgehend unbeeinflusst.

Der lokal auftretende, starke Einfluss der zusätzlichen Leiterlänge infolge der Verschaltung steht stellvertretend für alle verlustleistungssteigernden Einflussfaktoren. Die Verschaltung der Spulen kann unter Umständen mit einer zusätzlichen Erhöhung des elektrischen Widerstands an der Kontaktierungsstelle verbunden sein. Dies führt dazu, dass lokal an der Kontaktierung zusätzliche Verluste auftreten. An dieser Stelle stellt sich ebenfalls der oben erläuterte überproportionale Zusammenhang ein. Lokale Effekte dieser Art sind bei der Wickelkopfmodellierung nur sehr schwer zu erfassen.

5 Schnellrechnendes thermisches Modell

In Kapitel 2.2.2 werden Methoden der Modellierung in Form von thermischen Netzwerken vorgestellt. In Kapitel 4 wird die PMSM als *White Box* (siehe Tabelle 2.2, S. 23) modelliert. Ziel dieses Kapitels ist es, die Rechenzeit dieses Modells zu minimieren. Die Information der relevanten Bauteiltemperaturen soll dabei erhalten bleiben. Die Reduzierung der Rechenzeit wird dadurch erzielt, dass ein *Gray Box* Modell abgeleitet wird. Informationen über die Temperaturverteilung in der Maschine können mit diesem Modell dann nicht oder nur noch eingeschränkt ermittelt werden.

Es existiert eine Vielzahl von Veröffentlichungen zur Erstellung vereinfachter thermischer Modelle. Hak [67] oder Cezário [98] schlagen beispielsweise Modelle mit drei Massepunkten vor. Engelhardt [11] und Huber [99] erläutern eine Parameteranpassung für thermische Modelle mit einer geringen Anzahl an Massepunkten. Bei Engelhardt [11] wird hierbei ein Vierpunktmodell verwendet. Dadurch können die Wechselwirkungen zwischen Wickelkopf und Stator sowie zwischen Stator und Rotor besser als bei einem Dreipunktmodell abgebildet werden.

Diese Arbeit verfolgt das Ziel, ein schnellrechnendes Modell zu erstellen, dessen Aufbau sich stärker an der realen Maschine orientiert, als es bei Drei- oder Vierpunktmodellen der Fall ist. Es handelt sich also um ein *Light Gray Box* Modell. Dies ermöglicht die Abbildung komplexer Temperaturverläufe und die Modifikation des Modells für andere Maschinenkonfigurationen.

Die Parameter des schnellrechnenden Modells sind Bestandteil des Kapitels 5.1. Sie können nicht vollständig auf Basis der physikalischen Zusammenhänge bestimmt werden. Stattdessen werden sie so ermittelt, dass die Temperaturverläufe des hochaufgelösten und des schnellrechnenden Modells für den repräsentativen Fahrzyklus *Nürburgring* möglichst gut übereinstimmen. Dabei handelt es sich um ein Optimierungsproblem (Kap. 5.2). Darüber hinaus wird das schnellrechnende Modell validiert, indem die Temperaturen für einen zweiten Fahrzyklus (*Prüfgelände Weissach*) mit denen des hochaufgelösten Modells verglichen werden.

© Springer Fachmedien Wiesbaden GmbH, ein Teil von Springer Nature 2018
S. Oechslen, *Thermische Modellierung elektrischer Hochleistungsantriebe*,
Wissenschaftliche Reihe Fahrzeugtechnik Universität Stuttgart,
https://doi.org/10.1007/978-3-658-22632-9_5

5.1 Vorgehensweise

Das vorgeschlagene Modell wird in Abbildung 5.1 dargestellt. Ziel ist es, die maximale Wickelkopf- und die maximale Magnettemperatur mit minimaler Rechenzeit vorauszuberechnen. Aus diesem Grund wird eine minimale Anzahl an Massepunkten angestrebt. Wie in Abbildung 5.1 abgebildet, sind Massepunkte für den Wickelkopf und den Rotor selbst erforderlich. Der Massepunkt Rotor fasst das Rotorblechpaket und die Magnete zusammen. Außerdem repräsentiert ein Massepunkt unendlicher Masse das Kühlmedium. Dies ist die Referenzgröße im Modell und damit unerlässlich. Um den Wärmeübergang zum Kühlmedium sinnvoll abbilden zu können, werden weitere Massepunkte für die Kupferwicklungen in der Nut, das Statorblechpaket und das Gehäuse verwendet.

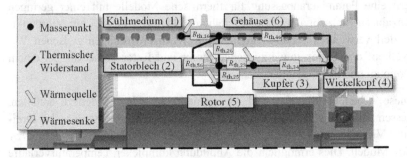

Abbildung 5.1: Schnellrechnendes thermisches Modell der PMSM mit vergossener Wicklung

Der Wickelkopf ist thermisch sowohl an das Gehäuse als auch an den Stator angebunden. Der Wärmeübergang zwischen Rotor und Stator wird vereinfacht, linear drehzahlabhängig entsprechend Gl. 5.1 modelliert.

$$R_{th,25} = \frac{R_{th,25h} - R_{th,25l}}{n_{max}} n + R_{th,25l} \qquad \text{Gl. 5.1}$$

$R_{th,25}$	Thermischer Widerstand zw. Masse 2 und 5	/ K/W
$R_{th,25h}$	Th. Widerstand zw. Masse 2 und 5 bei $n = n_{max}$	/ K/W
$R_{th,25l}$	Th. Widerstand zw. Masse 2 und 5 bei $n = 0$	/ K/W
n_{max}	Maximaldrehzahl	/ 1/min

Der thermische Widerstand ergibt sich linear abnehmend über der Drehzahl. Zur Beschreibung werden die Grenzwerte im Stillstand und bei maximaler Drehzahl herangezogen. Die weiteren thermischen Widerstände sind unabhängig vom Betriebspunkt. Der thermische Widerstand zwischen dem Kühlmedium und dem Gehäuse wird aus dem hochaufgelösten Modell übernommen. Die weiteren Widerstände sind, wie oben erläutert, Teil einer Optimierung.

Die Wärmekapazitäten der Massepunkte werden entsprechend der realen Gegebenheiten gewählt. Der Wickelkopf-Massepunkt repräsentiert beide Wickelköpfe und weist deshalb die Summe der Wärmekapazitäten beider Wickelköpfe auf.

Die Verlustleistungen werden aus denselben Kennfeldern entnommen, die auch für das hochaufgelöste Modell verwendet werden. Die Kupferverluste werden wie im hochaufgelösten Modell auf den Wickelkopf und den Stator verteilt. Der Wickelkopf wird mit der Summe der Verluste beider Wickelköpfe beaufschlagt. Außerdem wird die Temperaturabhängigkeit in Form des Korrekturfaktors für Kupferverluste, wie oben beschrieben, berücksichtigt. Die Eisenverluste werden ebenfalls wie im hochaufgelösten Modell auf den Rotor und den Stator verteilt. Dieser Aufteilungsfaktor ist im Rahmen der Verlustberechnung schwer zu bestimmen. Aus diesem Grund kann es sinnvoll sein, diesen ebenfalls für die Optimierung freizugeben (z.B. [11]). Die Lager- und Luftreibung werden für das schnellrechnende Modell vernachlässigt, können bei Bedarf jedoch anteilig dem Rotor, dem Stator und dem Gehäuse zugeschrieben werden.

Zusammengefasst sind die Parameter des schnellrechnenden Modells, die im Rahmen der Optimierung ermittelt werden, die sieben thermischen Widerstände $R_{th,23}$, $R_{th,25l}$, $R_{th,25h}$, $R_{th,26}$, $R_{th,34}$, $R_{th,46}$ und $R_{th,56}$ (siehe Abbildung 5.1).

5.2 Parameteranpassung

Im Folgenden werden die genannten Modellparameter des schnellrechnenden Modells ermittelt. Die Modellparameter werden dem Optimierungsalgorithmus NSGA-II freigegeben (NSGA: Nondominated Sorting Genetic

Algorithm). Dieser variiert die Parameter so, dass der Verlauf der maximalen Wickelkopf- und Magnettemperaturen möglichst gut mit dem des hochaufgelösten Modells übereinstimmen. Die Zielgrößen sind die Summen der quadratischen Temperaturabweichungen der maximalen Wickelkopf- und Magnettemperaturen. Der betrachtete Zyklus ist das Nürburgringprofil. Bei dem Optimierungsalgorithmus NSGA-II handelt es sich um einen genetischen Algorithmus, der erstmals von Holland [100] vorgestellt und von Deb [101] weiterentwickelt wurde.

Die Ergebnisse der analysierten Modelle bezüglich der Zielgrößen zeigt Abbildung 5.2. Das gewählte Modell weist die minimale Abweichung bezüglich beider Zielgrößen auf.

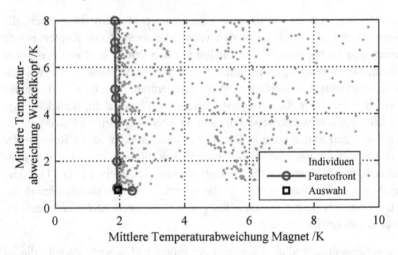

Abbildung 5.2: Parameteridentifikation des schnellrechnenden Modells der betrachteten PMSM mit vergossener Wicklung

Der Temperaturverlauf des gewählten schnellrechnenden Modells und des hochaufgelösten Modells im Anpassungszyklus *Nürburgring* wird in Abbildung 5.3 oben dargestellt. Es ist zu erkennen, dass die Temperaturen der beiden Modelle sehr gut übereinstimmen. Entscheidend über die Aussagekraft des schnellrechnenden Modells ist allerdings die Validierung anhand eines zweiten Zyklus. Hierfür wird der Zyklus *Prüfgelände Weissach* herangezogen. Den Vergleich der Verläufe der Maximaltemperaturen für den Validierungszyklus zeigt Abbildung 5.3 unten.

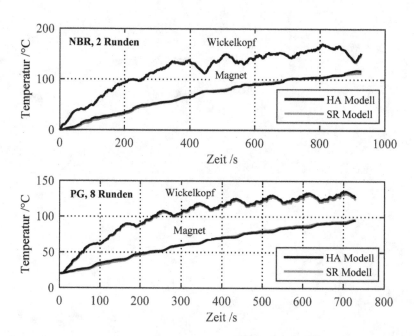

Abbildung 5.3: Temperaturverlauf des hochaufgelösten (HA) und des schnellrechnenden Modells (SR) der PMSM mit vergossener Wicklung. Oben: Anpassungszyklus *Nürburgring* (NBR), Unten: Validierungszyklus *Prüfgelände Weissach* (PG)

Die maximale Abweichung der Wickelkopftemperatur im Validierungszyklus beträgt 3,3 K, die maximale Abweichung der Magnettemperatur 0,5 K. Die erforderliche Rechendauer des hochaufgelösten Modells liegt bei 1192 s, die des schnellrechnenden Modells bei 2,3 s. Aus den Ergebnissen wird deutlich, dass sich die Temperaturen mit dem schnellrechnenden Modell gut bestimmen lassen. Die Reduzierung der Rechendauer ist erheblich. Die Validierung beider Modelle durch den Abgleich mit Messdaten ist Bestandteil des Kapitels 6.4.

Abbildung 5.1: ...

6 Experimentelle Untersuchung

In diesem Kapitel wird die experimentelle Untersuchung der betrachteten PMSM erläutert. Die verwendete methodische Vorgehensweise wird in Kapitel 6.1 vorgestellt. In Kapitel 6.2 wird auf die Positionierung der Temperatursensoren und Besonderheiten der Temperaturmessung in elektrischen Maschinen eingegangen. Anschließend werden zwei wesentliche Schritte der gezeigten methodischen Vorgehensweise ausgeführt. Dabei handelt es sich um die Validierung des hochaufgelösten Statormodells (Kap. 6.3). Außerdem werden in Kapitel 6.4 das hochaufgelöste Gesamtmodell sowie das schnellrechnende Modell validiert.

6.1 Methodische Vorgehensweise

Die unmittelbare Validierung des gezeigten thermischen Modells anhand einer einzelnen Temperaturmessung der gesamten E-Maschine wird nicht empfohlen. Sowohl die Verlustleistungsberechnung als auch das thermische Modell beeinflussen die berechneten Bauteiltemperaturen und sind folglich getrennt zu validieren. Bei einer Temperaturmessung der vollständigen E-Maschine können die beiden Teilmodelle nicht separat betrachtet werden. Um die Validierung der Teilmodelle zu trennen und einen möglichst großen Erkenntnisgewinn bezüglich des Systemverständnisses zu generieren, wird eine Validierung in vier Schritten vorgeschlagen. In diesen vier Schritten wird die E-Maschine komponentenweise aufgebaut und validiert. Die vier Schritte sind:

- Gehäuse (Kühlmantel), fremdbeheizt

- Gehäuse mit Stator ohne Rotor, Erwärmung durch Wicklung

- Vollständige EM (Gehäuse, Stator, Rotor), Erwärmung durch Wicklung

- Vollständige EM, Erwärmung durch alle Verlustmechanismen

© Springer Fachmedien Wiesbaden GmbH, ein Teil von Springer Nature 2018
S. Oechslen, *Thermische Modellierung elektrischer Hochleistungsantriebe*,
Wissenschaftliche Reihe Fahrzeugtechnik Universität Stuttgart,
https://doi.org/10.1007/978-3-658-22632-9_6

Im ersten Schritt werden die Eigenschaften des Kühlmantels untersucht. Der thermische Widerstand zum Kühlmedium ist bedeutend für die Ergebnisqualität. Damit ist nicht nur der konvektive Wärmeübergang zwischen Gehäuse und Kühlmedium gemeint. Vielmehr ist der Wärmeübergang zwischen Statorblechpaket und Kühlmedium relevant. Um einen definierten Wärmestrom einzubringen, werden die Aktivteile der Maschine durch Heizpatronen ersetzt. Zu empfehlen ist zusätzlich der Abgleich mit einem analytischen oder numerischen Modell, so dass weitere Betriebspunkte oder beispielsweise geometrische Modifikationen berechnet werden können. Analytische Ansätze finden sich beispielsweise im VDI-Wärmeatlas [41]. Dieser Validierungsschritt ist beispielsweise Inhalt der Arbeit von Barkow [102].

Im zweiten Schritt wird das thermische Modell des Stators validiert. Hierbei wird die PMSM ohne Rotor aufgebaut. Die Kupferwicklungen werden mit möglichst geringer Frequenz bestromt. Folglich wird die Wärme aus den Kupferverlusten gleichmäßig auf dem Umfang eingebracht. Diese sind messtechnisch gut zu erfassen. Infolge der geringen Frequenz sind die entstehenden Verluste in den Statorblechen vernachlässigbar. Der thermische Widerstand zum Kühlmedium ist aus Schritt 1 bekannt. Außerdem wird der genannte Betriebspunkt so lange gehalten, bis sich ein stationärer Zustand einstellt. Dadurch können die thermischen Widerstände im Stator validiert werden. Dieser Schritt wird für unterschiedliche Ströme und unterschiedliche Vorlauftemperaturen durchgeführt, um die Parameter bei allen relevanten Temperaturniveaus zu validieren. Dieser Validierungsschritt ist in Kapitel 6.3 für die gezeigte PMSM ausgeführt.

Im dritten Schritt wird die Maschine inklusive Rotor betrachtet. Auch hier wird das stationäre Verhalten bei Betriebspunkten geringer Drehzahl (geringe Frequenz) untersucht. Dadurch bleiben die Eisenverluste sowie die Lager- und Luftreibungsverluste vernachlässigbar. Die entstehenden Stromwärmeverluste in der Wicklung sind weiterhin gut bestimmbar. Wie bei den vorherigen Validierungsschritten werden mehrere Betriebspunkte untersucht, um die Parameter in allen relevanten Betriebsbereichen zu validieren.

Im vierten und letzten Schritt werden zunächst stationäre Betriebspunkte im gesamten Kennfeld betrachtet. Auf Basis der Kenntnisse aus den vorherigen Schritten können die Verlustleistungen validiert werden. Außerdem kann eine Feinjustierung des thermischen Modells erfolgen, sofern dies erforderlich ist. Letztendlich ist das Gesamtmodell mit Messungen instationärer Betriebszustände, also Zyklusfahrten, abzugleichen.

Bei den Validierungsschritten, in denen das thermische Modell oder Teile davon validiert werden, ist die maximal mögliche Diskretisierung zu verwenden. Andernfalls können physikalische Zusammenhänge nicht von Diskretisierungseinflüssen unterschieden werden. Eine Modellvereinfachung durch Reduzierung der Anzahl thermischer Massen kann dann für das validierte Modell erfolgen.

Zusätzlich zu der gezeigten Vorgehensweise werden Untersuchungen vorgeschlagen, bei denen die E-Maschine passiv betrieben wird. Das heißt, es wird die vollständige E-Maschine aufgebaut. Die Wicklung wird allerdings als Gleichstromwicklung ausgeführt, so dass infolge der Kupferverluste eine exakt messbare Verlustleistung eingebracht wird. Das Stator- und das Rotorblechpaket werden mit Heizpatronen bestückt. Folglich können beliebige Verlustkombinationen in den Prüfling eingebracht werden. Da die Verlustleistungen exakt bekannt sind, kann das thermische Modell validiert werden. Mit Hilfe des bekannten thermischen Modells kann dann mit einer aktiven Maschine die Verlustleistungsberechnung validiert werden.

6.2 Messstellen und Besonderheiten der Temperaturmessung

Die Temperaturen des Prüflings werden mittels Thermoelementen und Pt100 Temperatursensoren gemessen. Diese sind sowohl im Gehäuse als auch im Blechpaket und der Wicklung angebracht. Darüber hinaus werden die Temperaturen des Kühlmediums im Vor- und Rücklauf aufgenommen. Die Messstellen werden in Abbildung 6.1 dargestellt.

Bei den Pt100 Temperatursensoren handelt es sich um Widerstandsmesssensoren. Sie kommen in den Wickelköpfen zum Einsatz. Die Thermoelemente sind NiCr-Ni Temperatursensoren des Typs K. Sie werden in allen Bereichen der PMSM verwendet. Die Sensoren im Stator werden drei Mal um je 120° versetzt verbaut, um die Temperaturverteilung in Umfangsrichtung zu bestimmen. Außerdem befinden sich im Stator Temperatursensoren, die in axialer Richtung außermittig liegen. Diese sollen Aufschluss über die axiale Temperaturverteilung liefern. Da die Temperatursensoren im Rotor mitdrehen und die Signalübertragung aufwändiger ist, ist die mögliche Anzahl der Temperatursensoren hier stärker limitiert. Die vier zur Verfügung stehenden Sensoren werden so angeordnet, dass die radiale und axiale Temperaturverteilung ermittelt werden kann. Infolge der Rotation ist im Rotor eine homogene Temperaturverteilung in Umfangsrichtung zu erwarten.

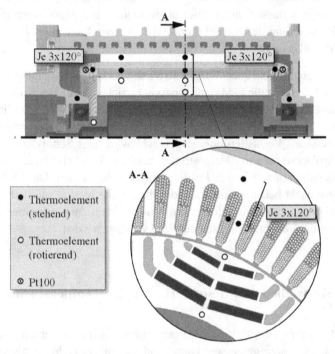

Abbildung 6.1:   Lage der Temperatursensoren in PMSM mit vergossener Wicklung

Aufgrund der inhomogenen Eigenschaften und der ungeordneten Verteilung der Leiter ist die Temperaturmessung in der Wicklung und insbesondere im Wickelkopf schwierig. Diese Thematik ist Inhalt der Arbeit des Autors in [103] und wird im Folgenden erläutert.

Die Temperaturmessung im Wickelkopf wird aufgrund einer Vielzahl an Faktoren erschwert. Zum einen sind die Temperaturgradienten im Wickelkopf groß. Die Hot Spots liegen folglich sehr lokal vor. Ihre Position ist im Vorfeld der Messung nicht im Detail bekannt. Zum anderen ist es schwierig, die Temperatursensoren exakt zu positionieren. Um sie während des Stauchens der Wickelköpfe nicht zu beschädigen, werden sie erst nach diesem Prozessschritt final positioniert. In Abhängigkeit der Sensorgröße werden dabei die Geometrie und Lage der Leiter im Wickelkopf verändert. Bei Verwendung großer Sensoren werden die Leiter vergleichsweise weit auseinander gedrückt, wodurch Vergussnester entstehen, in denen die Temperatur der Leiter nicht korrekt erfasst werden kann. Außerdem weisen die Sensorsignale eine gewisse zeitliche Verzögerung auf, die bei schnell veränderlichen Temperaturen bemerkbar ist. Um abschätzen zu können, wie groß die Temperaturabweichungen der gemessenen Signale sein können, wird ein Prüfling konzipiert, der die Verhältnisse im Wickelkopf nachbildet. Diesen Prüfling zeigt Abbildung 6.2. In eine ringförmige Nut wird eine Wicklung eingebracht. In diese Wicklung werden unterschiedliche Sensortypen gleichmäßig verteilt (Thermoelemente Typ K und Pt100). Um neben dem Einfluss der Sensorposition und des Sensortyps auch die Messunsicherheit selbst beurteilen zu können, werden die Sensoren des abgebildeten Schnitts in dieser Weise fünf Mal auf dem Umfang angebracht. Auf dem Umfang kann die Temperaturverteilung als homogen angenommen werden. Die Wicklung des Prüflings wird im Vakuum vergossen. Am Innendurchmesser wird der Prüfling gekühlt. Die Geometrie entspricht damit näherungsweise der des Wickelkopfs. Zur Erwärmung wird die Wicklung mit einem zeitlich veränderlichen Gleichstrom beaufschlagt.

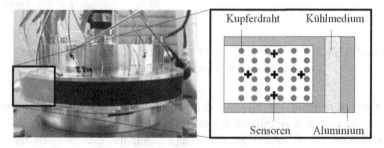

Abbildung 6.2: Prüfling zur Ermittlung der Messunsicherheit im Wickelkopf elektrischer Maschinen [103]

Um sowohl die Abweichungen infolge der Positionierung als auch infolge der Signalverzögerung beurteilen zu können, wird ein transienter Verlustleistungsverlauf eingeprägt. Dies ist die Verlustleistung im Wickelkopf, die bei dem Prüfzyklus *Prüfgelände Weissach* auftritt. Dieses Profil wird dauerhaft gefahren. Abbildung 6.3 zeigt die gemessenen Temperatursignale. Zu den fünf mittig positionierten Sensoren werden zwei Temperaturverläufe der Sensoren am Rand dargestellt. Die maximale Abweichung beträgt 85 K. Die niedrigste Temperatur geben die Sensoren nahe zum Kühlmedium wieder. Die maximale Temperatur wird in der Mitte der Wicklung gemessen. Sie beträgt 180 °C. Die weiteren Signale um 160 °C gehören ebenfalls zu Sensoren in der Mitte der Wicklung. Das Signal des Pt100 Sensors liegt zwischen den Signalen der Thermoelemente Typ K. Die Sensoren in der Mitte der Nut zeigen eine maximale Abweichung von 24 K. Daraus lässt sich schließen, dass kleine Abweichungen in der Positionierung erhebliche Abweichungen der gemessenen Temperatur zur Folge haben können.

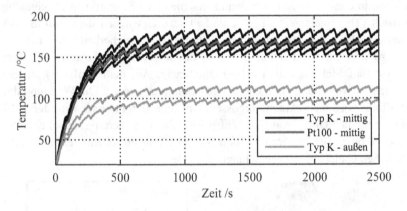

Abbildung 6.3:   Temperaturverlauf unterschiedlicher Sensortypen und Variation der Sensorposition (vgl. [103])

Die angesprochene Verzögerung der Sensoren wird bei Betrachtung eines Zeitausschnitts aus Abbildung 6.3 deutlich. Dazu sind in Abbildung 6.4 die gemessenen Daten zweier Sensoren abgebildet, die exemplarisch für das Verhalten der Sensortypen stehen. Der Zeitausschnitt entspricht einer Runde des Prüfzyklus. Es ist zu erkennen, dass das Thermoelement Typ K den zeitlichen Verlauf und damit auch die maximal auftretende Temperatur wesentlich besser auflösen kann.

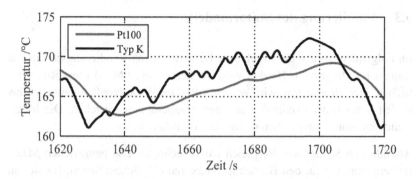

Abbildung 6.4:   Temperaturverlauf unterschiedlicher Sensortypen – Detail (vgl. [103])

Der Pt100 Sensor weist sowohl eine höhere Wärmekapazität als auch einen höheren thermischen Widerstand zu seiner Umgebung auf. Grund sind seine größeren Abmessungen und eine zusätzliche Schutzhülle aus Kunststoff. Folglich ergibt sich eine größere thermische Zeitkonstante. Gl. 6.1 beschreibt die Temperaturänderung eines Sensors (aus Gl. 4.2, S. 37). Demnach führen sowohl eine große Wärmekapazität des Sensors als auch ein großer thermischer Widerstand zu seiner Umgebung zu einer geringen Änderung der Sensortemperatur.

$$\frac{d\vartheta_S}{dt} = \frac{\vartheta_{Umg} - \vartheta_S}{C_{th,S}\, R_{th,S,Umg}} \qquad\qquad \text{Gl. 6.1}$$

$C_{th,S}$	Wärmekapazität des Sensors	/ J/K
ϑ_S	Temperatur des Sensors	/°C
ϑ_{Umg}	Temperatur der Umgebung	/°C
$R_{th,S,Umg}$	Th. Widerstand zw. Sensor und seiner Umgebung	/ K/W

Aus der Untersuchung geht hervor, dass der Sensortyp und die Positionierung einen erheblichen Einfluss auf die gemessene Temperatur haben. Die Größenordnung der möglichen Ungenauigkeit ist wesentlich für die Beurteilung der Temperaturmessung in der Wicklung von E-Maschinen.

6.3   Validierung des Statormodells

Im Folgenden werden die Ergebnisse für den zweiten Validierungsschritt aus Kapitel 6.1 dargestellt. Hierbei wird die betrachtete PMSM ohne Rotor betrieben. Der Strombetrag wird so gewählt, dass Wickelkopftemperaturen bis in den Bereich der maximal zulässigen Temperaturen entstehen. Die Messstellen im Stator entsprechen denen aus Abbildung 6.1.

Abbildung 6.5 zeigt den Vergleich der berechneten und gemessenen Maximaltemperaturen für den Betrieb mit maximal möglichem Strom. Da sich in den Messdaten keine Inhomogenität der Temperaturen über dem Umfang feststellen lässt, werden repräsentative Temperaturverläufe dargestellt. Der zweidimensionale Aufbau des Modells ist zulässig.

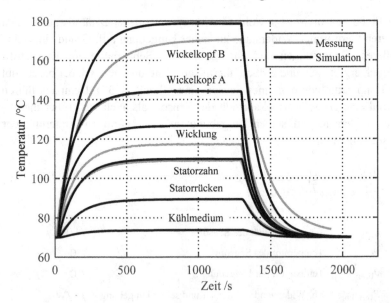

Abbildung 6.5:   Validierung des thermischen Statormodells der PMSM mit vergossener Wicklung im stationären Betrieb

Es zeigt sich, dass die berechneten und gemessenen Temperaturen in den relevanten Bauteilen gut übereinstimmen. Die Temperaturen des Kühlmediums und des Statorblechpakets (Statorrücken und -zahn) werden vom Modell sehr gut wiedergegeben. Wie oben beschrieben, ist die Messung der

Kupfertemperaturen mit nennenswerten, nicht genau zu quantifizierenden Abweichungen verbunden. Dies betrifft sowohl den Gradienten der Temperaturänderung als auch die Absoluttemperatur. Insbesondere im Wickelkopf B ist davon auszugehen, dass die heißeste Temperatur messtechnisch nicht erfasst wird. Vor diesem Hintergrund ist das thermische Modell des Stators validiert.

6.4 Validierung der vollständigen Maschine

Im Folgenden werden die in Kapitel 4 und 5 ermittelten Modelle der PMSM validiert. Zur Validierung werden die maximale Wickelkopf- und Magnettemperatur mit Messdaten verglichen. Die Messdaten werden mit dem in Abbildung 6.1 beschriebenen Prüfling erhoben. Die Temperaturverläufe des hochaufgelösten Modells und der Messung für den Prüfzyklus *Prüfgelände Weissach* zeigt Abbildung 6.6.

Unter Berücksichtigung der oben genannten Einflüsse auf die Temperaturmessung stimmen die gemessenen und berechneten Temperaturen gut überein. Darüber hinaus wird die Temperaturmessung im transienten Fall elektromagnetisch beeinflusst. Diese Beeinflussung zeigt sich insbesondere in der Magnettemperatur. Da in Abbildung 6.6 ungefilterte Signale dargestellt werden, sind die hohen, sich schnell ändernden Magnettemperaturen dieser Beeinflussung zuzuordnen. Am Ende einer Runde des Rundkurses werden Betriebspunkte geringerer Last gefahren. Folglich ist das elektromagnetische Feld schwächer. Dies führt zu einem Abfall der Temperatur auf den tatsächlichen Wert. Aus diesem Grund werden ausschließlich die markierten Magnettemperaturen berücksichtigt. Werden diese Rotortemperaturen verglichen, stimmen Berechnung und Simulation gut überein. Im Wickelkopf ist die diskutierte Temperaturabweichung bezüglich der Absoluttemperatur und der zeitlichen Verzögerung zu beobachten. Darüber hinaus sind Temperaturabweichungen nicht nur durch das thermische, sondern auch durch das elektromagnetische Modell zu erklären. Dies gilt insbesondere für den Rotor. Die vorhandenen Abweichungen sind im Rahmen der Vorausberechnung als gering einzustufen. Folglich wird das thermische Modell als validiert betrachtet.

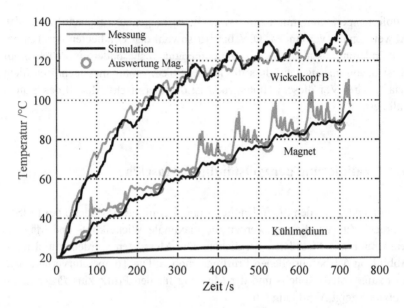

Abbildung 6.6: Temperaturverläufe des hochaufgelösten Modells und der Messung für den Validierungszyklus (PG, 8 Runden)

Um das schnellrechnende Modell bezüglich Rechendauer und Qualität der Temperaturberechnung zu bewerten, wird in Tabelle 6.1 ein Vergleich der beiden Modelle und der Messung dargestellt.

Tabelle 6.1: Validierung des hochaufgelösten und des schnellrechnenden Modells (vergossene Wicklung)

	Schnellrechnendes Modell	Hochaufgelöstes Modell	Messung
Wickelkopf-temperatur (Max.)	132,3 °C	135,6 °C	130,5 °C
Magnet-temperatur (Max.)	89,0 °C	88,5 °C	87,0 °C
Rechendauer	2,3 s	1192 s	-

Es zeigt sich, dass sich die Rechenzeit durch die Verwendung des schnellrechnenden Modells erheblich reduzieren lässt. Die Aussagekraft des Modells bezüglich der Zielgrößen Wickelkopf- und Magnettemperatur wird dabei nicht eingeschränkt. Zu beachten ist jedoch, dass sich Änderungen des Maschinendesigns nicht direkt im schnellrechnenden Modell umsetzen und bewerten lassen. Hierfür ist das hochaufgelöste Modell zu modifizieren.

7 Anwendung bei direktgekühlter Wicklung

In diesem Kapitel wird ein verbessertes Kühlkonzept der betrachteten PMSM vorgestellt. Dieses Kühlkonzept verbessert im Wesentlichen die Kühlung der Wicklung. Es wird gezeigt, dass der vorgestellte Modellierungsprozess für andere E-Maschinentypen und Kühlkonzepte geeignet ist. Zu diesem Zweck wird das thermische Modell der PMSM mit direktgekühlter Wicklung anhand des aufgezeigten Modellierungsprozesses erstellt.

7.1 Vorstellung des Konzepts

Im Folgenden wird die Funktionsweise des Kühlkonzepts erläutert (Kap. 7.1.1). Darüber hinaus werden Untersuchungen identifiziert, die der thermische Modellierungsprozess erfordert (Kap. 7.1.2).

7.1.1 Literaturrecherche und Funktionsweise

Temperaturkritisch im Stator der betrachteten PMSM ist der Wickelkopf auf der Verschaltungsseite. Eine Analyse des Wärmepfads zwischen Wickelkopf und Kühlmedium ergibt, dass primär die Kontaktwiderstände der beteiligten Bauteile, die Wärmeleitung im Wickelkopf selbst und die Vergussmasse zwischen Wickelkopf und Gehäuse die relevanten Anteile am Gesamtwiderstand einnehmen. Zielführend sind folglich Maßnahmen, die den Wärmepfad um diese Anteile reduzieren. In der Literatur finden sich Maßnahmen dieser Art. Beispielsweise Schiefer [104], Liu [105] und Polikarpova [106] verfolgen den Ansatz, strömungsführende Bauteile in die Nut einzusetzen. Hohle Leiter zur Führung des Kühlmediums werden beispielsweise von Alexandrova [107] und Irwanto [108] vorgeschlagen. Sogenannte nasslaufende Maschinen finden sich in zahlreichen Anwendungen und Veröffentlichungen. Bei Nategh [109] wird der Statorrücken und von dort die Wickelköpfe überströmt. Davin [110] stellt ein Konzept vor, bei dem das Kühlmedium aus der Rotorwelle und dem Gehäuse auf die Wickelköpfe gespritzt wird. Ein Konzept, bei dem die Wicklung direkt umströmt wird,

© Springer Fachmedien Wiesbaden GmbH, ein Teil von Springer Nature 2018
S. Oechslen, *Thermische Modellierung elektrischer Hochleistungsantriebe*,
Wissenschaftliche Reihe Fahrzeugtechnik Universität Stuttgart,
https://doi.org/10.1007/978-3-658-22632-9_7

findet sich beispielsweise von Arumugam [111] und von Engstle [112]. Die zu [112] gehörende Patentschrift findet sich in [113]. Um die Kühlung der Wicklung zu intensivieren, wird das in Abbildung 7.1 dargestellte Konzept vorgestellt. Zu diesem Konzept sind zahlreiche Patentanmeldungen mit Beteiligung des Autors bekannt (z.B. [114]).

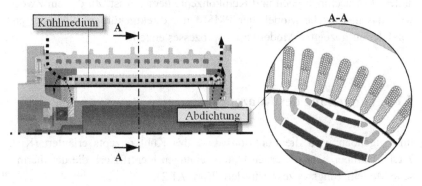

Abbildung 7.1:　　Geometrie und Strömungspfad der PMSM mit direktgekühlter Wicklung

Der Statorraum der PMSM wird gegenüber dem Rotorraum fluiddicht abgeschlossen. Der Verguss der Wicklung entfällt. Der dadurch entstehende Raum im Stator wird von einem Kühlmedium durchströmt. Folglich wird die Wicklung – und das Blechpaket – direkt gekühlt. Im Bereich des Wickelkopfs am Einlass teilt sich das Kühlmedium auf die Nuten auf. Eine Vergrößerung der Wicklung in der Nut zeigt Abbildung 7.2. Das Fluid durchströmt die Nuten in axialer Richtung, in die Bildebene hinein. Am Wickelkopf des Auslasses wird das Kühlmedium gesammelt (siehe Abbildung 7.1).

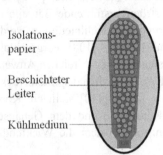

Abbildung 7.2:　　Nutquerschnitt bei direktgekühlter Wicklung

7.1.2 Thermischer Modellierungsprozess

Zur thermischen Modellierung der PMSM mit direktgekühlter Wicklung wird der in Kapitel 3 eingeführte Modellierungsprozess herangezogen (Abbildung 3.1, S. 28).

Die vorhandene Modellinfrastruktur wird beibehalten. Die Bedatung des Modells bleibt ebenfalls weitgehend unberührt. Es fällt auf, dass ein unbekannter thermischer Widerstand zwischen Wicklung und Kühlmedium zu charakterisieren ist. Dieser konvektive Wärmeübergang wird in Kapitel 7.2 ausführlich untersucht. Begleitend dazu erfolgt die Untersuchung des Diskretisierungseinflusses analog zu der Vorgehensweise bei der vergossenen Wicklung. Ziel ist auch hier die Erstellung eines physikalisch basierten Modells. Für die Untersuchung des Diskretisierungseinflusses bei direktgekühlter Wicklung gilt eine Besonderheit. Üblicherweise führt eine höhere Auflösung zu geringeren maximalen Bauteiltemperaturen. Dieser Zusammenhang gilt bei direktgekühlter Wicklung in axialer Richtung nicht. Die Maximaltemperatur der Wicklung steigt mit zunehmender Diskretisierung. Folglich ist es empfehlenswert, die Auflösung in axialer Richtung separat zu untersuchen. Andernfalls besteht die Gefahr, eine Auflösung zu wählen, bei der sich Fehler gegenseitig aufheben. Abschließend wird für die PMSM mit direktgekühlter Wicklung ebenfalls ein schnellrechnendes Modell nach der oben erläuterten Vorgehensweise abgeleitet (Kap. 5). Diese Untersuchung ist Inhalt des Kapitels 7.3.

7.2 Konvektiver Wärmeübergang

In diesem Kapitel wird der konvektive Wärmeübergang zwischen Wicklung und Kühlmedium analysiert.

7.2.1 Geometrie und Vorgehensweise

Aus Abbildung 7.1 geht die zu berechnende Geometrie hervor. Aufgrund der Strömungsrandbedingungen wird sie für die Betrachtung des konvektiven Wärmeübergangs in die folgenden Teilmodelle unterteilt:

- Wickelkopf B, Zuströmung

- Wicklung in der Nut und Blechpaket

- Wickelkopf A, Abströmung

Zunächst wird eine Literaturrecherche für die Berechnung der genannten Teilmodelle durchgeführt (Kap. 7.2.2). Anschließend wird jeweils der konvektive Wärmeübergang analysiert (Kap. 7.2.3 bis 7.2.5). Abschließend werden die Ergebnisse validiert (Kap. 7.2.6).

7.2.2 Literaturrecherche

Im Folgenden wird ein Überblick über vorhandene Ansätze zur thermischen Modellierung des konvektiven Wärmeübergangs gegeben.

Pradhan [81] und Lussier [115] untersuchen den Wärmeübergang in direktgekühlten Transformatorenwicklungen. Die Geometrie und getroffenen Vereinfachungen weichen jedoch zu stark vom hier betrachteten Anwendungsfall ab. Aus diesem Grund können die Erkenntnisse nicht übertragen werden.

Eine Direktkühlung der Statorwicklung kann darüber hinaus in Form einer nasslaufenden Maschine erfolgen. Der Übertrag der Kenntnisse zur Konvektion wird jedoch nicht empfohlen, da die Strömungsform zu stark von der betrachteten Fragestellung abweicht.

Weitere Varianten der Direktkühlung verwenden Kühlkanäle in der Wicklung (z.B. Schiefer [104]). Diese Geometrien sind definiert und die

Strömungsform weicht dadurch ebenfalls von der hier Betrachteten ab. Deshalb werden diese Ansätze nicht weiterverfolgt. Das Gleiche gilt für eingesetzte Hohlleiter (z.B. Irwanto [108]).

Über die Genannten hinaus existieren zahlreiche Veröffentlichungen zu zwangsgekühlten Stromkabeln für die Energieversorgung (z.B. [116]). In diesem Zusammenhang stehen jedoch keine Untersuchungsergebnisse bezüglich des konvektiven Wärmeübergangs zur Verfügung. Die Analogie zur betrachteten Geometrie bestünde hierbei auch lediglich für die Wicklung innerhalb der Nut und nicht für die Wickelköpfe.

Wird die Nut als Kanal mit konstantem Querschnitt betrachtet, können Näherungen aus einschlägiger Literatur verwendet werden. Umfangreiche Daten bieten beispielsweise der *VDI-Wärmeatlas* [41] und das *Handbook of Single-Phase Convective Heat Transfer* [43]. Für die Betrachtung der Konvektion an den Wickelköpfen stehen keine Näherungsmodelle zur Verfügung. Eine Abstraktion, um bestehende Modelle verwenden zu können, ist nicht möglich. Die Eigenschaften der Strömung sind somit aufgrund der Verdrillung der Leiter in der Nut und der undefinierten Geometrie der Wickelköpfe nur unzureichend abzuschätzen. Aus diesem Grund wird eine strukturierte, experimentelle Untersuchung des konvektiven Wärmeübergangs durchgeführt. Die Vorgehensweise und die Ergebnisse werden im Folgenden erläutert.

7.2.3   Wicklung ohne Wickelköpfe

In diesem Abschnitt wird der konvektive Wärmeübergang zwischen der Wicklung innerhalb der Nut und dem Kühlmedium ermittelt. Eine Schnittdarstellung der untersuchten Geometrie wird in Abbildung 7.2 dargestellt. Das Kühlmedium strömt durch die Freiräume in die Bildebene hinein. Dabei werden alle Nuten des Stators parallel durchströmt. Die resultierende Strömungsform entspricht also einer Rohrströmung mit nicht-kreisförmigem Querschnitt. Als zielführend wird eine empirische Untersuchung zur Ableitung einer Näherungsfunktion des Wärmeübergangs erachtet. Die Vorgehensweise zeigt Tabelle 7.1. Der Wärmeübergang wird folglich durch die dimensionslose Nußelt-Zahl beschrieben.

Tabelle 7.1:   Vorgehensweise zur Bestimmung einer Nußelt-Korrelation für die konvektiven Wärmeübergänge

Schritt	Vorgehen	Resultat
1	Aufbau und Vermessung (Temperatur) eines Prüflings (stationärer Betrieb) Variation der Temperatur des Kühlmediums und des Volumenstroms (Reynolds-, Prandtl-Zahl)	$\vartheta_{\text{Wicklung}}$ als $f(Re, Pr)$ (Punktweise)
2	Erstellung eines Rechenmodells des Prüflings Beschreibung des Wärmeübergangs mithilfe der Nußelt-Zahl	Zusammenhang von $\vartheta_{\text{Wicklung}}$ und Nu
3	Variation der Nußelt-Zahl im Rechenmodell so, dass Rechenmodell (2) und Messdaten (1) übereinstimmen	Nu als $f(Re, Pr)$ (Punktweise)
4	Parametervariation einer geeigneten Näherungsfunktion für die Werte von Nu aus (3)	Nu als $f(Re, Pr)$ (Geschlossene Funktion)

Den verwendeten Prüfling zeigt Abbildung 7.3 (Schritt 1). Er wird axial durchströmt und besteht lediglich aus zwei Nuten. Die Wickelköpfe sind von minimaler Größe. Deshalb ist ihr Einfluss vernachlässigbar. Der Träger besteht aus Kunststoff, so dass dessen Einfluss ebenfalls vernachlässigbar ist und die Eigenschaften der Wicklung separat betrachtet werden können. Das Verhältnis aus axialer Länge zu hydraulischem Durchmesser beträgt 770.

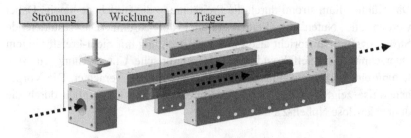

Abbildung 7.3:   Prüfling 2 Nuten zur Untersuchung des konvektiven Wärmeübergangs in der Nut

Die Beschreibung des Wärmeübergangs (Schritt 2) wird wie folgt umgesetzt. Es wird ein thermisches Modell des Prüflings aufgebaut. Das Modell bildet nur die Wicklung und das Kühlmedium ab. Die Berechnung des thermischen Widerstands infolge Konvektion ergibt sich aus Gl. 7.1. Den Wärmeübergangskoeffizienten liefert Gl. 7.2. Für die Nußelt-Zahl wird die Korrelation aus Gl. 7.3 verwendet. Die Reynolds- und Prandtl-Zahl liefern Gl. 7.4 und Gl. 7.5 (z.B. in [39]). Der hydraulische Durchmesser aus Gl. 7.6 wird für vergleichbare Geometrien und laminare Strömung in [43] vorgeschlagen.

$$R_{\text{th,conv,W}} = \frac{1}{\alpha_{\text{Nut}}\, A_{\text{ben,W}}} \qquad\qquad \text{Gl. 7.1}$$

$$\alpha_{\text{Nut}} = \frac{Nu_{\text{Nut}}\, \lambda}{d_{\text{h,Nut}}} \qquad\qquad \text{Gl. 7.2}$$

$$Nu_{\text{Nut}} = C_{\text{Nut}}\, (Re_{\text{Nut}})^{a_{\text{Nut}}}\, (Pr_{\text{Nut}})^{b_{\text{Nut}}} \qquad\qquad \text{Gl. 7.3}$$

$$Re_{\text{Nut}} = \frac{u_{\text{Nut}}\, d_{\text{h,Nut}}}{\nu} \qquad\qquad \text{Gl. 7.4}$$

$$Pr_{\text{Nut}} = \frac{\mu\, c_p}{\lambda} \qquad\qquad \text{Gl. 7.5}$$

$$d_{\text{h,Nut}} = \frac{4\left(A_{\text{Q,Nut}} - A_{\text{Q,IsoP}} - A_{\text{Q,Iso}} - A_{\text{Q,Cu}}\right)}{U_{\text{Nut}}} \qquad\qquad \text{Gl. 7.6}$$

Nu_{Nut}	Nußelt-Zahl (Nut)	/−
Re_{Nut}	Reynolds-Zahl (Nut)	/−
Pr_{Nut}	Prandtl-Zahl (Nut)	/−
$A_{\text{ben,W}}$	Benetzte Oberfläche der Wicklung	/m²
$d_{\text{h,Nut}}$	Hydraulischer Durchmesser (Nut)	/m
U_{Nut}	Innerer Umfang (Nut)	/m
u_{Nut}	Mittlere Strömungsgeschwindigkeit (Nut)	/m/s
C_{Nut}	Faktor zur Bestimmung der Nußelt-Zahl (Nut)	/−
a_{Nut}	Exponent der Reynolds-Zahl (Nut)	/−
b_{Nut}	Exponent der Prandtl-Zahl (Nut)	/−
ν	Kinematische Viskosität des Mediums	/m²/s
μ	Dynamische Viskosität des Mediums	/(Pa s)
c_p	Spez. isobare Wärmekapazität des Mediums	/J/(kg K)
λ	Wärmeleitfähigkeit des Mediums	/W/(m K)

Im Rahmen der Modellierung des Prüflings ergibt sich, dass zwölf Masse-punkte erforderlich sind, um die Wicklung ausreichend genau zu beschrei-ben. Dies bestätigt die Aussage von Jokinen und Saari [68]. Hier wird die Zulässigkeit der Modellierung des Kühlmediums als einzelnen Massepunkt auf Anwendungen mit geringer Temperaturerhöhung beschränkt. Bei einer stärkeren Temperaturerhöhung ist dies nicht zulässig. Dies ist hier der Fall.

Die Parameter der Gl. 7.3 sind anhand der Messdaten zu ermitteln. Im Mo-dell wird die Nußelt-Zahl so variiert, dass die Temperaturen der Simulation den gemessenen entsprechen (Schritt 3). Anschließend werden die Parameter C_{Nut}, a_{Nut} und b_{Nut} so bestimmt, dass die Nußelt-Zahlen aus dem Versuch durch Gl. 7.3 wiedergegeben werden (Schritt 4). Üblicherweise ist die Nußelt-Zahl abhängig von der Axialkoordinate der Strömung, also von der Rohrlänge. Zu Beginn des Rohrs ist sie hoch und nähert sich mit zunehmen-der Lauflänge asymptotisch einem Wert an. Relevant ist dabei das Verhältnis aus hydraulischem Durchmesser zu Lauflänge (z.B. [39]). Aufgrund der Verdrillung der Leiter ist die Strömungsgeometrie über der Lauflänge nicht konstant. Es ist anzunehmen, dass die Strömung durch die ungleichmäßige Geometrie gestört wird. Diese Störungen treten gleichermaßen auf der gesamten Lauflänge auf. Folglich wird für die gesamte Nutlänge von einem vergleichbaren Strömungszustand ausgegangen.

In der Messung werden die Temperatur des Kühlmediums und der Volumen-strom variiert. Die untersuchten Bereiche der Reynolds- und Prandtl-Zahlen geben Gl. 7.7 und Gl. 7.8 wieder. Die Parametervariation führt zu der Nußelt-Korrelation in Gl. 7.9.

$$3{,}5 \leq Re_{Nut} \leq 14{,}5 \qquad\qquad\qquad \text{Gl. 7.7}$$

$$36 \leq Pr_{Nut} \leq 61 \qquad\qquad\qquad\qquad \text{Gl. 7.8}$$

$$Nu_{Nut} = 0{,}0065 \, (Re_{Nut})^{0{,}55} \, (Pr_{Nut})^{1{,}0} \qquad\qquad \text{Gl. 7.9}$$

Für die Nußelt-Korrelation in Gl. 7.9 ergeben sich die in Abbildung 7.4 dargestellten Abweichungen zwischen Berechnung und Messung für die betrachteten 16 Betriebspunkte (Kennfeld mit vier Volumenströmen und vier Vorlauftemperaturen). Es ist zu erkennen, dass die Korrelation die Mess-daten im Bereich der Messunsicherheit wiedergibt. Die maximale Abwei-chung im Wickelkopf B liegt bei 4,5 K, die mittlere bei 2,1 K. Die maximale Abweichung im Wickelkopf A liegt bei 2,0 K, die mittlere bei 0,9 K.

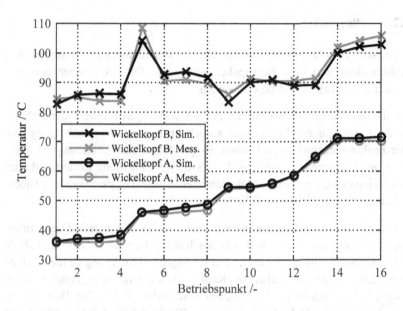

Abbildung 7.4: Konvektiver Wärmeübergang zwischen Wicklung und Kühlmedium – Vergleich der Wicklungstemperaturen an Ein- und Auslass

Die niedrigen Reynolds-Zahlen zeigen, dass die Strömung in der Nut vorwiegend laminar ist. Dies ist eine Folge geringer Strömungsgeschwindigkeiten, insbesondere jedoch durch den sehr kleinen hydraulischen Durchmesser bedingt. Dieser nimmt typischerweise sehr kleine Werte an, da die durchströmte Querschnittsfläche sehr klein und der innere Umfang groß ist (siehe auch Gl. 7.6 und Abbildung 7.2). In der Berechnung wird angenommen, dass der Querschnitt vollständig durchströmt und die Oberfläche vollständig benetzt ist. Die Verdrillung der Leiter und ihre ungeordnete Anordnung führt jedoch zu den genannten Störungen und Verwirbelungen. Es ergibt sich keine hydrodynamisch ausgebildete Strömung. Darüber hinaus werden sich in Realität auch Totwassergebiete ausbilden. Folglich ist die Korrelation als mittlere Beschreibung aller Effekte für die betrachtete Geometrie zu verstehen. Lokale Effekte können mit dem gewählten Ansatz nicht erfasst werden.

7.2.4 Blechpaket

In diesem Abschnitt wird der konvektive Wärmeübergang zwischen dem Kühlmedium und dem Blechpaket untersucht. Die Vorgehensweise entspricht der in Tabelle 7.1 beschriebenen.

Da die untersuchte Geometrie mit der des vorherigen Kapitels identisch ist, ist der Prüfling ebenfalls identisch aufgebaut. Um den Wärmeübergang zum Blechpaket untersuchen zu können, ist der Träger aus Abbildung 7.3 allerdings als Blechpaket ausgeführt. Dieses ist zur Umgebung isoliert und wird mit Heizpatronen erwärmt. Außerdem werden die Temperaturen des Blechpakets gemessen (Schritt 1, Tabelle 7.1).

Für den Prüfling wird ebenfalls ein thermisches Modell erstellt. Dieses bildet die Wicklung, das Blechpaket und das Kühlmedium ab (Schritt 2, Tabelle 7.1). Die Beschreibung der in der Nut vorliegenden Strömung ist identisch zu den Ausführungen im vorherigen Kapitel, da die Strömungsgeometrie identisch ist. Die zugehörige Nußelt-Zahl beschreibt Gl. 7.9. Zur Bestimmung des thermischen Widerstands zwischen Blechpaket und Kühlmedium mit Hilfe von Gl. 7.1 ist lediglich die benetzte Fläche für die neue Fragestellung zu bestimmen. Der Wärmeübergangskoeffizient bleibt unverändert. Als benetzte Fläche wird die gesamte Oberfläche der Nutfläche verwendet. Aus Abbildung 7.2 geht jedoch hervor, dass in Realität ein relevanter Anteil dieser Fläche nicht überströmt wird, da Leiter an der Nut anliegen. Darüber hinaus liegt die Nutisolation nicht vollständig an der Nutoberfläche an. Strömt das Medium zwischen Nutisolation und Nutoberfläche ein, sind vermehrt Totwassergebiete die Folge. Um diesen Randbedingungen Rechnung zu tragen, wird ein Korrekturfaktor eingeführt, mit dem der thermische Widerstand zwischen Blechpaket und Kühlmedium multipliziert wird. Dieser Faktor wird aus dem Abgleich von Simulation und Messung bestimmt (Schritt 3, Tabelle 7.1). Der Korrekturfaktor wird für jeden Betriebspunkt so variiert, dass die gemessenen und berechneten Blechtemperaturen übereinstimmen. Das Resultat für alle Betriebspunkte zeigt Abbildung 7.5. Dargestellt wird die Abweichung der Blechtemperatur zwischen Simulation und Messung für unterschiedliche Korrekturfaktoren. In schwarz wird der Mittelwert der Abweichung für alle betrachteten Betriebspunkte dargestellt. In grau die maximal vorkommende Abweichung. Beide erreichen ihr Minimum bei einem Korrekturfaktor von 1,475.

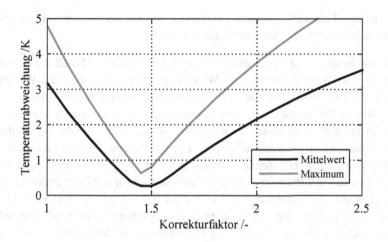

Abbildung 7.5: Temperaturabweichung zwischen Simulation und Messung in Abhängigkeit des Korrekturfaktors zwischen Blechpaket und Kühlmedium

Schritt 4 aus Tabelle 7.1 ist hier nicht erforderlich. Der Korrekturfaktor kann aus Abbildung 7.5 direkt für alle Betriebspunkte zu 1,475 abgelesen werden.

7.2.5 Wickelköpfe

In diesem Kapitel wird die aus Tabelle 7.1 bereits bekannte Vorgehensweise für den konvektiven Wärmeübergang zwischen den Wickelköpfen und dem Kühlmedium durchgeführt.

Der in Schritt 1 (Tabelle 7.1) geforderte Prüfling ist ein Stator mit direktgekühlter Wicklung entsprechend Abbildung 7.1. Ein separater Aufbau der Wickelköpfe ist nicht möglich, da einerseits die Leiteranordnung, andererseits die Zu- beziehungsweise Abströmbedingung nicht korrekt abgebildet wäre. Die Analyse des Wärmeübergangs an den Wickelköpfen kann allerdings auch an einem vollständigen Stator erfolgen, da die Zusammenhänge in der Nut aus den beiden vorherigen Kapiteln bereits bekannt sind. Die Wicklung ist als Gleichstromwicklung ausgeführt, um eine definierte Wärmemenge einbringen zu können. Die Wickelkopftemperaturen werden mit Thermoelementen gemessen. Hier wird analog zu oben ein Kennfeld von

Betriebspunkten aufgenommen. In diesem werden der Volumenstrom und die Vorlauftemperatur des Kühlmediums variiert.

Entsprechend Schritt 2 (Tabelle 7.1) wird ein thermisches Modell des Stators erstellt. Die Wärmeübergänge in Wickelkopf B (Zuströmung) und Wickelkopf A (Abströmung) werden in Abhängigkeit der Nußelt-Zahl modelliert. Die Nußelt-Zahlen an den beiden Wickelköpfen werden unabhängig voneinander modelliert, da zwar die Geometrien ähnlich, die Zu- und Abströmbedingungen jedoch unterschiedlich sind. Die Berechnung erfolgt grundsätzlich anhand des oben erläuterten Vorgehens (Kap. 7.2.3). Die erforderlichen Modifikationen werden im Folgenden erläutert. Oben stellt der hydraulische Durchmesser die charakteristische Länge dar (Gl. 7.2 und Gl. 7.4). Grund ist, dass die Durchströmung der Nut einer Rohrströmung ähnlich ist. Dies gilt allerdings nicht für die Durch- und Umströmung der Wickelköpfe, wie anhand der in Abbildung 7.6 schematisch dargestellten Schnitte erklärt werden soll.

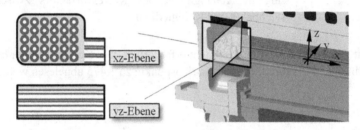

Abbildung 7.6:   Schnitte in unterschiedlichen Ebenen im Wickelkopf

Die Strömung im Bereich der Wickelköpfe ist nicht ausschließlich normal zur xz- oder zur yz-Ebene gerichtet. Vielmehr stellt sich ein dreidimensionales Strömungsfeld ein. In der Nähe der Nut dominiert die Strömungskomponente in x-Richtung (normal zur yz-Ebene). In einiger Entfernung zur Nut dominiert die Strömungskomponente in Umfangsrichtung (normal zur xz-Ebene) Folglich ist die Strömungsform nicht mit einer Rohrströmung vergleichbar. Die charakteristische Länge ist gegenüber Gl. 7.6 zu modifizieren. Um die Dimensionen der Wickelkopfgeometrie zu erfassen, wird die charakteristische Länge entsprechend Gl. 7.10 definiert. Für den dreidimensionalen Fall wird also die Querschnittsfläche durch das Volumen und der innere Umfang durch die Oberfläche der Strömungsgeometrie ersetzt. Die daraus resultierende charakteristische Länge ist der eines ideal gerührten Behälters proportional (z.B. [117]).

$$l_{h,WK} = \frac{4 \, V_{WK}}{A_{ben,WK}}$$ Gl. 7.10

$l_{h,WK}$ Charakteristische Länge des Wickelkopfs (hydraulisch)   /m

V_{WK} Volumen des Strömungsraums um den Wickelkopf   /m³

$A_{ben,WK}$ Benetzte Oberfläche des Wickelkopfs   /m²

Darüber hinaus ist für die Berechnung der Reynolds-Zahl (Gl. 7.4) die mittlere Strömungsgeschwindigkeit nach Gl. 7.11 zu bestimmen. Dazu ist eine repräsentative durchströmte Querschnittsfläche zu definieren. Diese berechnet sich aus Gl. 7.12. Hintergrund dieser Definition ist, dass die Strömung zum Auslass hin beziehungsweise vom Einlass weg den Umfang der Wickelköpfe vollständig umströmt. Die Strömungskomponente in Umfangsrichtung dominiert.

$$u_{WK} = \frac{\dot{V}_{KM}}{A_{Q,WK}}$$ Gl. 7.11

$$A_{Q,WK} = \frac{V_{WK}}{l_{Umf,WK}}$$ Gl. 7.12

u_{WK} Mittlere Strömungsgeschwindigkeit (Wickelkopfraum)   / m/s

$\dot{V}_{KM}$ Volumenstrom des Kühlmediums   / m³/s

$A_{Q,WK}$ Durchströmte Querschnittsfläche (Wickelkopfraum)   /m²

$l_{Umf,WK}$ Bogenlänge des Wickelkopfraums   /m

Die Berechnung kann also anhand der Formeln aus Kapitel 7.2.3 erfolgen (Gl. 7.1 bis Gl. 7.6). Dabei ist der hydraulische Durchmesser durch die charakteristische Länge aus Gl. 7.10 zu ersetzen. Die Strömungsgeschwindigkeit u_{Nut} in Gl. 7.4 ist durch die mittlere Strömungsgeschwindigkeit aus Gl. 7.11 zu ersetzen. Auch hier sei darauf hingewiesen, dass die lokale Anordnung der Leiter variiert und nicht bekannt ist. Weiter wird angenommen, dass alle

Leiter vollständig umströmt werden. Totwassergebiete sind nicht berücksichtigt. Infolge dieser Annahmen können auch hier keine lokalen Effekte abgebildet werden.

In Schritt 3 (Tabelle 7.1) werden die Nußelt-Zahlen der beiden Wickelköpfe im Modell so variiert, dass die gemessenen und berechneten Temperaturen übereinstimmen. Der Einfluss der Nußelt-Zahl am Wickelkopf B auf die Wickelkopf A Temperatur ist vernachlässigbar. Gleiches gilt umgekehrt.

In Schritt 4 (Tabelle 7.1) werden die Parameter der Nußelt-Korrelation aus Gl. 7.3 bestimmt. Die Randbedingungen und die in der Parametervariation ermittelte Nußelt-Korrelation für den Wickelkopf B geben Gl. 7.13 bis Gl. 7.15 wieder.

$$802 \leq Re_{\text{WK B}} \leq 8180 \qquad\qquad \text{Gl. 7.13}$$

$$35 \leq Pr_{\text{WK B}} \leq 80 \qquad\qquad \text{Gl. 7.14}$$

$$Nu_{\text{WK B}} = 0{,}024 \, (Re_{\text{WK B}})^{0,7} \, (Pr_{\text{WK B}})^{0,5} \qquad\qquad \text{Gl. 7.15}$$

Die Randbedingungen und die ermittelte Nußelt-Korrelation für den Wickelkopf A finden sich in Gl. 7.16 bis Gl. 7.18.

$$3599 \leq Re_{\text{WK A}} \leq 17365 \qquad\qquad \text{Gl. 7.16}$$

$$23 \leq Pr_{\text{WK A}} \leq 28 \qquad\qquad \text{Gl. 7.17}$$

$$Nu_{\text{WK A}} = 0{,}078 \, (Re_{\text{WK A}})^{0,675} \qquad\qquad \text{Gl. 7.18}$$

Da für den Wickelkopf A die Variation der Prandtl-Zahl nicht ausreichend ist, kann keine belastbare Aussage für den Exponent $b_{\text{WK A}}$ getroffen werden. Deshalb wird die Nußelt-Zahl hier unabhängig von der Prandtl-Zahl bestimmt. Die Exponenten der Reynolds-Zahlen deuten auf eine turbulente Strömung hin. Die angegebenen Zusammenhänge geben den Wärmeübergang im Bereich der Wickelköpfe global an. Lokale turbulenzfördernde Effekte und lokale Totwassergebiete werden nicht berücksichtigt.

Die gemessenen Wickelkopftemperaturen werden in Abbildung 7.7 mit den berechneten verglichen. Das Berechnungsmodell verwendet dabei die Zusammenhänge aus Gl. 7.15 und Gl. 7.18 zur Modellierung des konvektiven Wärmeübergangs in den Wickelköpfen.

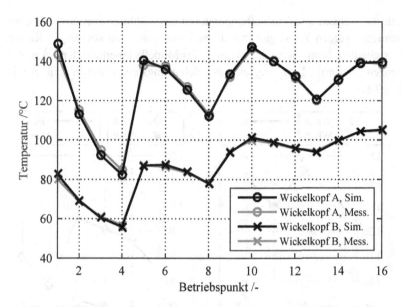

Abbildung 7.7: Vergleich der gemessenen und berechneten Wickelkopf-temperaturen im Gesamtstator (nur Wicklung verlust-behaftet)

Die maximale Abweichung tritt in Betriebspunkt 1 auf und beträgt im Wickelkopf A 5,0 K und im Wickelkopf B 2,5 K. Die mittlere Abweichung zwischen Messung und Berechnung beträgt im Wickelkopf A 1,4 K und im Wickelkopf B 0,7 K. Diese Übereinstimmung ist ausreichend.

7.2.6 Validierung

In diesem Kapitel wird das thermische Modell des Stators mit direktgekühlter Wicklung validiert. Dazu wird der Prüfling aus dem vorherigen Kapitel verwendet (siehe auch Abbildung 7.1). Im Gegensatz zu der Untersuchung des vorherigen Kapitels wird hier jedoch sowohl die Wicklung bestromt als auch Wärme in das Blechpaket mittels Heizpatronen eingebracht. Dies entspricht den Randbedingungen im realen Betrieb der Maschine. Um das thermische Modell zu validieren, werden die berechneten Bauteiltemperaturen mit den gemessenen für unterschiedliche Betriebspunkte verglichen. Diese Betriebspunkte zeichnen sich durch unterschiedliche Volumenströme,

Verlustleistungen und Vorlauftemperaturen des Kühlmediums aus. Für diese Parameter werden Werte gewählt, die sich von denen der vorherigen Kapitel unterscheiden. Somit wird die Eignung des Modells innerhalb der bekannten Grenzen überprüft. Den Vergleich der Beharrungstemperaturen zeigt Abbildung 7.8.

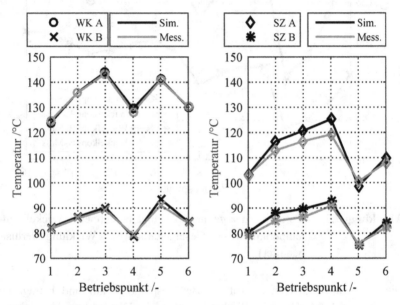

Abbildung 7.8:   Validierung der Modellierung des konvektiven Wärme-übergangs bei direktgekühlter Wicklung

Die Temperaturen des Blechpakets (Statorzahn) stimmen ausreichend gut überein. Das Simulationsmodell gibt in den höheren Temperaturbereichen konservative Werte aus. Dies ist im Sinne des Bauteilschutzes positiv, für die maximale Ausschöpfung des Leistungsvermögens negativ zu bewerten. Letztendlich sind allerdings die Wicklungstemperaturen von größerer Bedeutung, da sie kritischer und damit für eine im Betrieb eventuell erforderliche Leistungsreduktion verantwortlich sind. Diese werden mit sehr guter Genauigkeit wiedergegeben. Die maximale Abweichung der Wickelkopftemperatur (A-Seite) liegt bei 1,4 K. Die mittlere Abweichung beträgt 0,6 K. Folglich ist das Berechnungsmodell validiert.

7.3 Schnellrechnendes thermisches Modell

Im Folgenden wird aus dem thermischen Modell der PMSM mit direktgekühlter Wicklung ein schnellrechnendes Modell abgeleitet. Der Ansatz aus
Kapitel 5 der vergossenen Wicklung ist für die direktgekühlte Wicklung zu
modifizieren. Wie von Jokinen und Saari [68] beschrieben, ist bei einer nennenswerten Temperaturerhöhung des Kühlmediums dieses mit mehreren
Massepunkten zu modellieren. Dies wird auch im schnellrechnenden Modell
berücksichtigt. Das schnellrechnende Modell zeigt Abbildung 7.9.

Die Wicklung besteht aus dem Wickelkopf B, der Wicklung in der Nut und
dem Wickelkopf A. Jedem dieser Abschnitte ist ein Massepunkt für das
Kühlmedium zugeordnet. Das Kühlmedium wird also analog zur Wicklung
mit drei Massepunkten aufgelöst. Die Temperatur des Kühlmediums wird
nicht nur von den eingeprägten Wärmeströmen, sondern auch von der Ener-
gieerhaltung innerhalb der Fluidströmung beeinflusst. Aus diesem Grund ist
im Modell zwingend die Strömungsrichtung zu beachten. Die thermischen
Widerstände infolge Konvektion werden für die drei Abschnitte als identisch
angenähert, um die Anzahl der Optimierungsparameter gering zu halten
($R_{th,14} = R_{th,25} = R_{th,36}$). Außerdem wird angenommen, dass die Wärmeleitung
zwischen der Wicklung in der Nut und den beiden Wickelköpfen identisch
ist ($R_{th,12} = R_{th,23}$). Der thermische Widerstand des Rotors ist analog zu Kapitel 5 linear drehzahlabhängig. Die Wärmekapazitäten des Modells werden
ebenfalls analog zu Kapitel 5 aus den realen, geometrischen Randbedingungen bezogen. Sie stellen also keine Optimierungsparameter dar. Zusammenfassend besteht das Modell aus acht Massepunkten. Zu variieren sind sechs
Parameter. Dies sind die thermischen Widerstände $R_{th,12}$, $R_{th,14}$, $R_{th,27}$, $R_{th,57}$,
$R_{th,58l}$ und $R_{th,58h}$.

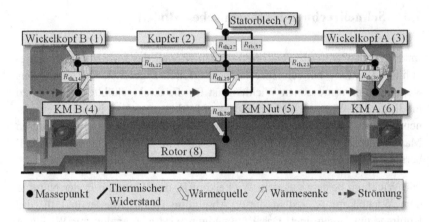

Abbildung 7.9:   Schnellrechnendes thermisches Modell der PMSM mit direktgekühlter Wicklung (KM: Kühlmedium)

Die Zielgrößen des Modells sind die maximale Wickelkopftemperatur und die Magnettemperatur (Rotortemperatur in Abbildung 7.9). Wie bereits beschrieben, werden die Optimierungsparameter mit Hilfe des Optimierungsalgorithmus NSGA-II so variiert, dass die Zielgrößen für das hochaufgelöste und das schnellrechnende Modell für den Zyklus *Nürburgring* möglichst gut übereinstimmen. Das Ergebnis zeigt Abbildung 7.10 oben. Im Rahmen der Validierung werden die Temperaturverläufe der beiden Modelle für einen zweiten Zyklus verglichen. Dies ist der Zyklus *Prüfgelände Weissach*. Das Ergebnis wird in Abbildung 7.10 unten dargestellt. Einen Vergleich der relevanten Daten der beiden Modelle zeigt außerdem Tabelle 7.2. Es ist zu erkennen, dass die Abweichungen des schnellrechnenden Modells gering sind. Die Reduktion der Rechendauer ist erheblich. Folglich ist das vorgestellte, schnellrechnende Modell sehr gut geeignet, um die Zielgrößen bei minimaler Rechendauer wiederzugeben.

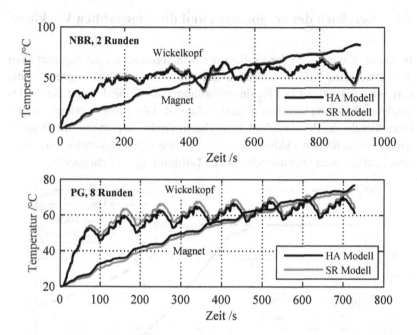

Abbildung 7.10: Temperaturverlauf des hochaufgelösten (HA) und des schnellrechnenden Modells (SR) der PMSM mit direktgekühlter Wicklung. Oben: Anpassungszyklus Nürburgring (NBR), Unten: Validierungszyklus Prüfgelände Weissach (PG)

Tabelle 7.2: Vergleich des hochaufgelösten und des schnellrechnenden Modells (direktgekühlte Wicklung)

	Schnellrechnendes Modell	Hochaufgelöstes Modell
Maximale Wickelkopftemperatur	72,0 °C	69,9 °C
Maximale Magnettemperatur	74,5 °C	76,8 °C
Rechendauer	2,3 s	5284 s

7.4   Vergleich der vergossenen und direktgekühlten Wicklung

In diesem Kapitel wird der Einfluss der Kühlkonzepte auf die Eigenschaften der betrachteten PMSM analysiert. Die betrachteten Kühlkonzepte sind die vergossene Wicklung mit Kühlmantelkühlung aus Kapitel 4 und die direkt-gekühlte Wicklung aus dem aktuellen Kapitel. Die Analyse erfolgt anhand eines Vergleichs des dauerhaft verfügbaren Drehmoments und der Bauteil-temperaturen für den Zyklus *2 Runden Nürburgring*. Der Vergleich des dau-erhaft verfügbaren Drehmoments wird in Abbildung 7.11 dargestellt.

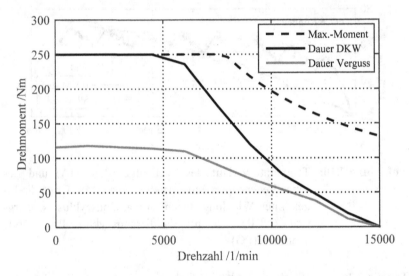

Abbildung 7.11: Vergleich des dauerhaft verfügbaren Drehmoments der vergossenen und der direktgekühlten Wicklung (DKW)

Der Einfluss der Direktkühlung auf das dauerhaft verfügbare Drehmoment der betrachteten PMSM ist erheblich. Insbesondere im niedrigen Drehzahl-bereich ist eine deutliche Erhöhung des Drehmoments zu verzeichnen. Der Grund ist, dass hier der wesentliche Verlustanteil in den Wicklungen anfällt und die Wickelkopftemperatur kritisch ist. Bis zu einer Drehzahl von knapp 5000 Umdrehungen pro Minute entspricht das dauerhaft verfügbare Dreh-moment bei Direktkühlung dem Maximalmoment der PMSM. Bei hohen Drehzahlen ist bei beiden Kühlkonzepten die Magnettemperatur begrenzend.

Die entstehenden Bauteiltemperaturen für den Zyklus *2 Runden Nürburgring* zeigt Abbildung 7.12. Diese ergeben sich in beiden Fällen aus den jeweiligen hochaufgelösten Modellen.

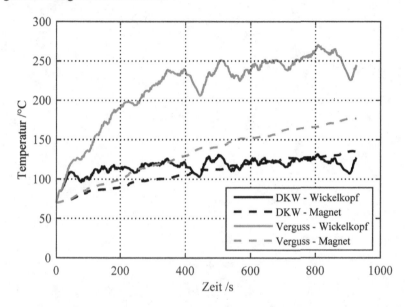

Abbildung 7.12: Temperaturverlauf der vergossenen und der direktgekühlten Wicklung (DKW) für den Zyklus *2 Runden Nürburgring*

Die Bauteiltemperaturen bei der betrachteten Zyklusfahrt bestätigen die Verbesserung des thermischen Verhaltens durch die Direktkühlung. Die maximale Wickelkopftemperatur kann gegenüber der vergossenen Wicklung von 270,8 °C auf 131,4 °C reduziert werden. Die maximal auftretende Magnettemperatur liegt bei der direktgekühlten Wicklung bei 135,5 °C. Die Vorlauftemperatur des Kühlmediums beträgt bei beiden Konzepten 70 °C. Dies ist die übliche Vorlauftemperatur im Fahrzeug. Für die Eigenschaften des Fahrzeugs ist entscheidend, dass im betrachteten Zyklus bei direktgekühlter Wicklung die Grenztemperaturen der Wicklung und der Magnete nicht erreicht werden. Die Grenztemperatur der Wicklung liegt bei 180 °C. Die Grenztemperatur der Permanentmagnete beträgt 150 °C. Folglich ist bei der PMSM mit vergossener Wicklung eine frühzeitige Leistungsreduktion erforderlich. Bei einer direktgekühlten Wicklung ist dies nicht der Fall.

8 Zusammenfassung und Ausblick

Elektrische Antriebe können sehr hohe Leistungsdichten erreichen und finden in Automobilen immer häufiger als Traktionsantriebe Anwendung. Dabei sind die zulässigen Grenztemperaturen der Antriebe zu berücksichtigen. Im Stator sind insbesondere die Wickelköpfe temperaturkritisch. Da eine Überschreitung der zulässigen Temperaturen eine irreversible Schädigung der Maschine zur Folge hat, ist bei Überschreitung genannter Grenzwerte die Leistung zu reduzieren. Dies resultiert in einer Reduktion der Antriebsleistung, die für den Fahrer spürbar und im ungünstigsten Fall nicht reproduzierbar ist. Um dieses im Allgemeinen nachteilige sowie den Fahrer irritierende Verhalten zu vermeiden, ist die Thermik im Rahmen der Auslegung zu berücksichtigen. Hierfür sind zuverlässige Berechnungsmodelle erforderlich. Soll die dauerhaft verfügbare Leistung der Antriebe weiter gesteigert werden, besteht unter anderem die Möglichkeit leistungsfähigere Kühlkonzepte einzusetzen. Ihre Wirksamkeit ist ebenfalls rechnerisch zu bewerten.

Für die thermische Modellierung elektrischer Antriebsmaschinen wird ein Modellierungsprozess vorgestellt. Er bietet die Möglichkeit, Randbedingungen flexibel anzupassen und zusätzliche Erkenntnisse in allen Modelltiefen zu berücksichtigen. Zunächst führt er zu einem physikalischen Modell, das im Rahmen der Auslegung relevant ist. Außerdem ist die Ableitung eines schnellrechnenden Modells Bestandteil des Prozesses. Dieses ist insbesondere im Rahmen einer Gesamtfahrzeugbetrachtung von Bedeutung.

Im Rahmen des Modellierungsprozesses werden Verfahren zur Bestimmung der Wärmeleitfähigkeit in der Wicklung und der Wickelköpfe erarbeitet. Diese Modelle werden mit Messungen und alternativen Verfahren verglichen, um ihre Eignung nachzuweisen. Ein großer Vorteil der vorgestellten Modelle ist die Übertragbarkeit auf weitere Maschinen und Anwendungen. Zusätzliche Messungen sind für die Verwendung der Modelle nicht erforderlich. Eine sinnvolle und notwendige Weiterentwicklung ist die Erweiterung der Modellmethode und Validierung für Statoren mit Formstabwicklung (auch Hairpin genannt). Ein weiterer wesentlicher Bestandteil des Modellierungsprozesses ist die Untersuchung der Diskretisierung des

© Springer Fachmedien Wiesbaden GmbH, ein Teil von Springer Nature 2018
S. Oechslen, *Thermische Modellierung elektrischer Hochleistungsantriebe*,
Wissenschaftliche Reihe Fahrzeugtechnik Universität Stuttgart,
https://doi.org/10.1007/978-3-658-22632-9_8

Berechnungsmodells. Hierfür wird eine methodische Vorgehensweise eingeführt. Diese führt mit geringem Aufwand zu einer zielführenden Diskretisierung des Raums und der Zeit. Das resultierende thermische Modell weist
eine sehr gute Übereinstimmung mit Messdaten auf. Die Ableitung eines
schnellrechnenden Modells ist wesentlich für die Gesamtfahrzeugentwick-
lung und ermöglicht den Übertrag der Erkenntnisse aus der Forschung in die
Produktentwicklung. Dieses Modell ist in der Lage die relevanten Aussagen
des hochaufgelösten Modells bei stark reduzierter Rechenzeit wiederzugeben. Die Eignung aller in den Modellierungsprozess eingeführten Ansätze
wird für die betrachtete PMSM mit vergossener Wicklung und Kühlmantel
nachgewiesen. Die Validierung erfolgt dabei sowohl individuell als auch in
der kombinierten Anwendung aller Methoden.

Der genannte Modellierungsprozess wird darüber hinaus auf eine Maschine
mit direktgekühlter Wicklung angewendet. In diesem Zusammenhang wird
der konvektive Wärmeübergang zwischen Wicklung und Kühlmedium ausführlich untersucht. Für die unterschiedlichen Detailuntersuchungen werden
Prüflinge in Versuch und Simulation abgebildet. Aus dem Vergleich werden
basierend auf der Ähnlichkeitstheorie dimensionslose Kennzahlen zur Beschreibung der Zusammenhänge abgeleitet. Die Validierung bestätigt die
Aussagekraft der Modellierungsmethoden und die Eignung des Modellierungsprozesses. Außerdem wird die Vorteilhaftigkeit der Direktkühlung
anhand des dauerhaft verfügbaren Drehmoments und der entstehenden Bauteiltemperaturen bei einer Rundkursfahrt ausgewiesen. Auch für die Umsetzung einer Direktkühlung lassen sich jedoch weitere Optimierungspotentiale
heben. Die Gestaltung des Kühlkreislaufs kann beispielhaft genannt werden.
Um die genannten Potentiale heben zu können, wird eine tiefgreifendere
Untersuchung vorgeschlagen. Die numerische Simulation der Umströmung
der Wicklung ist hierbei anzustreben. In der Folge können dann die Erkenntnisse numerisch erzeugt werden, die hier aus Messdaten gewonnen wurden.
Dadurch können Kosten reduziert werden. Außerdem kann das Verständnis
der Zusammenhänge gesteigert und Varianten der Strömungsführung effizient bewertet werden. Wesentlich für eine Umsetzung der direktgekühlten
Wicklung ist zusätzlich die mechanische Auslegung der Abdichtung des
Stators. Eine methodische Vorgehensweise dieses Aspekts wird in einem
aktuell laufenden Promotionsvorhaben erarbeitet.

Diese Arbeit leistet einen Beitrag zur thermischen Modellierung elektrischer Hochleistungsantriebe. Wesentlich ist dabei die Befähigung, belastbare thermische Modelle ohne Versuchsdaten erstellen zu können. Darüber hinaus liefert die Untersuchung der direktgekühlten Wicklung die Möglichkeit, ein zukunftsweisendes Kühlkonzept zu betrachten. Für den Antrieb eines Fahrzeugs ist allerdings die gesamte Maschine zu analysieren. Dies betrifft insbesondere das thermische Verhalten des Rotors. Der Autor stellt in [66] einen Ansatz zur technischen Umsetzung und thermischen Modellierung einer Rotorkühlung vor. Wie oben erwähnt, sind aber auch andere Maßnahmen bei der Konzeptionierung elektrischer Antriebsmaschinen von Bedeutung. Beispielsweise können temperaturbeständigere Materialien eingesetzt werden. Um die Gesamtheit aller möglichen Maßnahmen bewerten zu können, ist es erforderlich, sie in der Berechnung zu berücksichtigen. Folglich ist es elementar, die Modellierung weiterer Kühlkonzepte und Maßnahmen voranzutreiben. Letztendlich kann dann für den speziellen Anwendungsfall im Hinblick auf Kosten, Package, Gewicht und Fahrleistung das passende Gesamtkonzept ausgewählt werden.

Literaturverzeichnis

[1]   A. Binder, Elektrische Maschinen und Antriebe, Springer-Verlag Berlin Heidelberg, 2012.

[2]   P. Hofmann, Hybridfahrzeuge, Springer Wien New York, 2010.

[3]   C. Stan, Alternative Antriebe für Automobile, 3., erweiterte Auflage, Springer Vieweg, Springer-Verlag Berlin Heidelberg, 2012.

[4]   K. Reif, K. E. Noreikat und K. Borgeest, Kraftfahrzeuge - Hybridantriebe, Springer Vieweg, Springer Fachmedien Wiesbaden, 2012.

[5]   O. Wallscheid und J. Böcker, Global Identification of a Low-Order Lumped-Parameter Thermal network for Permanent Magnet Synchronous Motors, IEEE Transactions on Energy Conversion, Vol. 31, No. 1, pp. 354-365, 2016.

[6]   D. Schröder, Elektrische Antriebe - Grundlagen, 4., erweiterte Auflage, Springer Dordrecht Heidelberg London New York, 2009.

[7]   A. R. Huber, Rotorkühlung in hermetisch abgedichteten elektrischen Antriebsmaschinen für die Fahrzeugtechnik, Verlag Dr. Hut, München, 2015.

[8]   G. Müller und B. Ponick, Grundlagen elektrischer Maschinen, 9., völlig neu bearbeitete Auflage, WILEY-VCH Verlag GmbH & Co KGaA, Weinheim, 2006.

[9]   Elektrische Isolierung - Thermische Bewertung und Bezeichnung (IEC 60085:2007); Deutsche Fassung EN 60085:2008, Beuth, 2008.

[10] T. J. E. Miller, Brushless Permanent-Magnet and Reluctance Motor Drives, Clarendon Press, Oxford, 1989.

© Springer Fachmedien Wiesbaden GmbH, ein Teil von Springer Nature 2018
S. Oechslen, *Thermische Modellierung elektrischer Hochleistungsantriebe*,
Wissenschaftliche Reihe Fahrzeugtechnik Universität Stuttgart,
https://doi.org/10.1007/978-3-658-22632-9

[11] T. Engelhardt, Derating-Strategien für elektrisch angetriebene Sportwagen, Springer Vieweg, Springer Fachmedien Wiesbaden, 2017.

[12] M. Füchtner und W. Thaler, Drehstrom-Synchronmaschine, Dr. Ing. h.c. F. Porsche AG, Deutsches Patent- und Markenamt, Patentschrift DE 10 2011 055 766 A1, 2013.

[13] H. Yu, L. Li und L. Qi, Viscosity and Thermal Conductivity of Alumina Microball/Epoxy Composites, 12th International Conference on Electronic Packaging Technology and High Density Packaging (ICEPT-HDP), pp. 387-390, 2011.

[14] S. Nategh, A. Krings, O. Wallmark und M. Leksell, Evaluation of Impregnation Materials for Thermal Management of Liquid-Cooled Electric Machines, IEEE Transactions on Industrial Electronics, Vol. 61, No. 11, pp. 5956-5965, 2014.

[15] J. Richnow, P. Stenzel, Renner A, D. Gerling und C. Endisch, Influence of Different Impregnation Methods and Resins on Thermal Behavior and Lifetime of Electrical Stators, 4th International Electric Drives Production Conference (EDPC), 2014.

[16] P. Steinberg, Wärmemanagement des Kraftfahrzeugs VI, Haus der Technik Fachbuch Band 93, expert verlag, Renningen, 2008.

[17] K. B. Wipke, M. R. Cuddy und S. D. Burch, ADVISOR 2.1: A User-Friendly Advanced Powertrain Simulation Using a Combined Backward/Forward Approach, IEEE Transactions on Vehicular Technology, Vol. 48, No. 6, pp. 1751-1761, 1999.

[18] T. Finken, Fahrzyklusgerechte Auslegung von permanenterregten Synchronmaschinen für Hybrid- und Elektrofahrzeuge, Shaker Verlag, Aachen, 2011.

[19] W. L. Soong, Design and Modelling of Axially-Laminated Interior Permanent Magnet Motor Drives for Field-Weakening Applications, Dissertation, University of Glasgow, 1993.

[20] J. Teigelkötter, Energieeffiziente elektrische Antriebe, Springer Vieweg, Springer Fachmedien Wiesbaden, 2013.

[21] J. Pyrhönen, T. Jokinen und V. Hrabovcová, Design of Rotating Electrical Machines, Second Edition, John Wiley & Sons Ltd., Chichester, West Sussex, UK, 2014.

[22] G. Müller, K. Vogt und B. Ponick, Berechnung elektrischer Maschinen, 6., völlig neu bearbeitete Auflage, WILEY-VCH Verlag GmbH & Co KGaA, Weinheim, 2008.

[23] C. Junginger, Untersuchung der Stromverdrängung im Ständer hoch ausgenutzter elektrischer Maschinen, AutoUni - Schriftenreihe, Springer Fachmedien Wiesbaden, 2016.

[24] R. Wrobel und P. H. Mellor, Thermal Design of High-Energy-Density Wound Components, IEEE Transactions on Industrial Electronics, Vol. 58, No. 9, pp. 4096-4104, 2011.

[25] A. J. Kelleter, Steigerung der Ausnutzung elektrischer Klein-maschinen, Technische Universität München, Fakultät für Elektrotechnik und Informationstechnik, 2010.

[26] Z. Neuschl, Rechnerunterstützte experimentelle Verfahren zur Bestim-mung der lastunabhängigen Eisenverluste in permanentmagnetisch erregten elektrischen Maschinen mit additionalem Axialfluss, Dissertation, Technische Universität Cottbus, 2007.

[27] L. Vandenbossche, S. Luthardt, S. Jacobs, S. Schmitz, A. Heitmann und E. Attrazic, Iron Loss Modelling of a PMSM Traction Motor, Including Magnetic Degradation due to Lamination Laser Cutting, EVS30 International Battery, Hybrid and Fuel Cell Electric Vehicle Symposium, Stuttgart, 2017.

[28] M. Reinlein, M. Regnet, T. Hubert, A. Kremser, U. Werner und J. Bönig, Influence of Villari Effect on the magnetizing current of Induction Machines by shrink fitting of rotor cores, International Symposium on Power Electronics, Electrical Drives, Automation and Motion (SPEEDAM), pp. 1316-1323, 2016.

[29] Schaeffler Technologies AG & Co. KG, Wälzlager, Schaeffler Technologies AG & Co. KG, 2014.

[30] M. Genger und M. Weinrich, Optimiertes Thermomanagement - Entwicklung eines Auslegungswerkzeugs für Kühlsysteme mit Einbindung aller Wärmequellen und -senken im Motorraum für ein optimiertes Thermomanagement, Heft 839-2007, Vorhaben Nr. 854, FVV, Frankfurt am Main, 2007.

[31] J. Saari, Thermal Analysis of High-speed Induction Machines, Acta Polytechnica Scandinavica, Electrical Engineering Series No. 90, Helsinki, 1998.

[32] B. Riemer, M. Leßmann und K. Hameyer, Rotor design of a high-speed Permanent Magnet Synchronous Machine rating 100,000 rpm at 10 kW, 2010 IEEE Energy Conversion Congress and Exposition (ECCE), pp. 3978-3985, 2010.

[33] J. Nerg, M. Rilla und J. Pyrhönen, Thermal Analysis of Radial-Flux Electrical Machines With a High Power Density, IEEE Transactions on Industrial Electronics, Vol. 55, No. 10, pp. 3543-3554, 2008.

[34] D. J. Powell, Modelling of high power density electrical machines for aerospace, Department of Electronic and Electrical Engineering, University of Sheffield, 2003.

[35] LWW Group, Datenblatt DAMID 200 - Round enamelled winding wire of copper, Product Information, LWW Group, Jonslund, Sweden.

[36] H. D. Baehr und S. Kabelac, Thermodynamik, 14. Auflage, Springer-Verlag Berlin Heidelberg, 2009.

[37] H. D. Baehr und K. Stephan, Wärme- und Stoffübertragung, 9., aktualisierte Auflage, Springer Vieweg, Springer-Verlag Berlin Heidelberg, 2016.

[38] S. Oechslen und H.-C. Reuss, Simulation und Untersuchung des Betriebsverhaltens elektrischer Fahrzeugantriebe unter hoher Belastung, Institut für Verbrennungsmotoren und Kraftfahrwesen (IVK), Universität Stuttgart, 2014.

[39] W. Polifke und J. Kopitz, Wärmeübertragung, 2., aktualisierte Auflage, Pearson Studium, München, 2009.

[40] J. P. Holman, Heat Transfer, Tenth Edition, McGraw-Hill Education, New York, 2010.

[41] Verein Deutscher Ingenieure (VDI), VDI-Wärmeatlas, VDI-Gesellschaft Verfahrenstechnik und Chemieingenieurwesen (GVC), 10., bearbeitete und erweiterte Auflage, Springer-Verlag Berlin Heidelberg, 2006.

[42] H. Herwig und A. Moschallski, Wärmeübertragung, 2., überarbeitete und erweiterte Auflage, Vieweg + Teubner, GWV Fachverlage GmbH, Wiesbaden, 2009.

[43] S. Kakac, R. K. Shah und W. Aung, Handbook of single-phase convective heat transfer, John Wiley & Sons, New York, 1987.

[44] P. H. Mellor, D. Roberts und D. R. Turner, Lumped parameter thermal model for electrical machines of TEFC design, IEE Proceedings B - Electric Power Applications, Vol. 138, No. 5, pp. 205-218, 1991.

[45] A. Boglietti, A. Cavagnino, M. Lazzari und M. Pastorelli, A Simplified Thermal Model for Variable-Speed Self-Cooled Industrial Induction Motor, IEEE Transactions on Industry Applications, Vol. 39, No. 4, pp. 945-952, 2003.

[46] D. Staton, A. Boglietti und A. Cavagnino, Solving the More Difficult Aspects of Electric Motor Thermal Analysis in Small and Medium Size Industrial Induction Motors, IEEE Transactions on Energy Conversion, Vol. 20, No. 3, pp. 620-628, 2005.

[47] D. A. Howey, P. R. Childs und A. S. Holmes, Air-Gap Convection in Rotating Electrical Machines, IEEE Transactions on Industrial Electronics, Vol. 59, No. 3, pp. 1367-1375, 2012.

[48] G. Kylander, Thermal modelling of small cage induction motors, Dissertation, School of Electrical and Computer Engeineering, Chalmers University of Technology, Göteborg, 1995.

[49] D. A. Staton und A. Cavagnino, Convection Heat Transfer and Flow Calculations Suitable for Electric Machines Thermal Models, IEEE Transactions on Industrial Electronics, Vol. 55, No. 10, pp. 3509-3516, 2008.

[50] A. F. Mills, Heat Transfer, 2nd edition, Prentice Hall, 1998.

[51] V. Gnielinski, New equations for heat and mass transfer in turbulent pipe and channel flow, Int. Chem. Eng., Vol. 16, pp. 359-368, 1976.

[52] Y. Shen und C. Jin, Water Cooling System Analysis of Permanent Magnet Traction Motor of Mining Electric-Drive Dump Truck, SAE Technical Paper 2014-01-0662, 2014.

[53] H. Jelden, P. Lück, G. Kruse und J. Tousen, Der elektrische Antriebsbaukasten von Volkswagen, MTZ - Motortechnische Zeitschrift, Ausgabe 02/2014, pp. 14-20, 2014.

[54] A. Boglietti, A. Cavagnino, D. Staton, M. Shanel, M. Mueller und C. Mejuto, Evolution and Modern Approaches for Thermal Analysis of Electrical Machines, IEEE Transactions on Industrial Electronics, Vol. 56, No. 3, pp. 871-882, 2009.

[55] S. Oechslen, H.-C. Reuss, A. Heitmann und T. Engelhardt, An Improved Thermal Model for Electric Motors, EVS30 International Battery, Hybrid and Fuel Cell Electric Vehicle Symposium, Stuttgart, 2017.

[56] B. Kipp, Analytische Berechnung thermischer Vorgänge in permanent-magneterregten Synchronmaschinen, Dissertation, Helmut-Schmidt-Universität, Universität der Bundeswehr Hamburg, 2008.

[57] E. Laurien und H. Oertel, Numerische Strömungsmechanik, 4., überarbeitete und erweiterte Auflage, Vieweg + Teubner, Springer Fachmedien Wiesbaden, 2011.

[58] C. Starke, Abschätzung von Wärmeverlusten in der Konstruktions-phase von Turbinen, Dissertation, Technische Universität Darmstadt, 2012.

[59] K. Reif, Sensoren im Kraftfahrzeug, 2., ergänzte Auflage, Springer Vieweg, Springer Fachmedien Wiesbaden, 2012.

[60] H. Bernstein, Messelektronik und Sensoren, Springer Vieweg, Springer Fachmedien Wiesbaden, 2014.

[61] Thermoelemente - Teil 1: Thermospannungen und Grenz-abweichungen (IEC 60584-1:2013); Deutsche Fassung EN 60584-1:2013, Beuth, 2014.

[62] Industrielle Platin-Widerstandsthermometer und Platin-Temperatur-sensoren (IEC 60751:2008); Deutsche Fassung EN 60751:2008, Beuth, 2009.

[63] ASTM D5470-12, Standard Test Method for Thermal Transmission Properties of Thermally Conductive Electrical Insulation Materials, ASTM International, West Conshohocken, PA, 2012.

[64] N. Simpson, P. H. Mellor und R. Wrobel, Estimation of Equivalent Thermal Parameters of Electrical Windings, XXth International Conference on Electrical Machines (ICEM), pp. 1294-1300, 2012.

[65] S. Oechslen, H.-C. Reuss, A. Heitmann und T. Engelhardt, Thermische Modellierung der Wicklung einer elektrischen Antriebsmaschine, Tagung ZFW (Zentrum für Wärmemanagement) "Thermische Auslegung in der Leistungselektronik", Stuttgart, 27.06.2017.

[66] S. Oechslen, H.-C. Reuss, A. Heitmann und T. Engelhardt, Thermal Simulation of an Electric Motor in Contiuous and Circuit Operation, 16th Stuttgart International Symposium, Springer Vieweg, Wiesbaden, 2016.

[67] J. Hak, Einfluß der Unsicherheit der Berechnung von einzelnen Wärmewiderständen auf die Genauigkeit des Wärmequellen-Netzes, Archiv für Elektrotechnik, Band XLVII, Heft 6, pp. 370-383, 1963.

[68] T. Jokinen und J. Saari, Modelling of the coolant flow with heat flow controlled temperature sources in thermal networks (in induction motors), IEE Proceedings - Electric Power Applications, Vol. 144, No. 5, pp. 338-342, 1997.

[69] N. Raabe, An algorithm for the filling factor calculation of electrical machines standard slots, IEEE, 2014 International Conference on Electrical Machines (ICEM), 2014.

[70] Technische Lieferbedingungen für bestimmte Typen von Wickel-drähten (IEC 60317-0-1:2013), Deutsche Fassung EN 60317-0-1:2014, Beuth, 2014.

[71] LWW Group, Technical Data for Winding Wire, Product Information, LWW Group, Jonslund, Sweden, 2016.

[72] L. Idoughi, X. Mininger, F. Bouillault, L. Bernard und E. Hoang, Thermal Model With Winding Homogenization and FIT Discretization for Stator Slot, IEEE Transactions on Magnetics, Vol. 47, No. 12, pp. 4822-4826, 2011.

[73] G. W. Milton, Bounds on the transport and optical properties of a two-component composite material, Journal of Applied Physics, Volume 52, Issue 8, pp. 5294-5304, 1981.

[74] Z. Hashin und S. Shtrikman, A variational approach to the theory of the effective magnetic permeability of multiphase materials, Journal of Applied Physics, Vol. 33, No. 10, pp. 3125-3131, 1962.

[75] N. Simpson, R. Wrobel und P. H. Mellor, Estimation of Equivalent Thermal Parameters of Impregnated Electrical Windings, IEEE Transactions on Industry Applications, Vol. 49, No. 6, pp. 2505-2515, 2013.

[76] G. Gotter, Erwärmung und Kühlung elektrischer Maschinen, Springer-Verlag Berlin Heidelberg, 1954.

[77] F. Unger, Die Wärmeleitung in Runddrahtspulen, Archiv für Elektrotechnik, XLI. Band, 7. Heft, pp. 357-364, 1955.

[78] E. Ilhan, M. F. Kremers, T. E. Motoasca, J. J. Paulides und E. Lomonova, Transient Thermal Analysis of Flux Switching PM machines, Eighth International Conference and Exhibition on Ecological Vehicles and Renewable Energies (EVER), 2013.

[79] A. Lange, Analytische Methoden zur Berechnung elektromagnetischer und thermischer Probleme in elektrischen Maschinen, Dissertation, Technische Universität Carolo-Wilhelmina zu Braunschweig, 2000.

[80] D. A. Staton, Thermal Computer Aided Design - Advancing the Revolution in Compact Motors, IEEE International Electric Machines and Drives Conference (IEMDC), pp. 858-863, 2001.

[81] M. K. Pradhan und T. S. Ramu, Estimation of the Hottest Spot Temperature (HST) in Power Transformers Considering Thermal Inhomogeniety of the Windings, IEEE Transactions on Power Delivery, Vol. 19, No. 4, pp. 1704-1712, 2004.

[82] General Electric, Heat Transfer and Fluid Flow Data Book, General Electric Company, Research and Development Center, 1969.

[83] M. Stöck, Q. Lohmeyer und M. Meboldt, Increasing the power density of e-motors by innovative winding design, Elsevier, CIRP 25th Design Conference Innovative Product Creation, pp. 236-241, 2015.

[84] S. Paul und R. Paul, Grundlagen der Elektrotechnik und Elektronik 1, 5., aktualisierte Auflage, Springer Vieweg, Springer-Verlag, Berlin, Heidelberg, 2014.

[85] M. Polikarpova, P. Röyttä, J. Alexandrova, S. Semken, J. Nerg und J. Pyrhönen, Thermal Design and Analysis of a Direct-Water Cooled Direct Drive Permanent Magnet Synchronous Generator for High-Power Wind Turbine Application, 2012 XXth International Conference on Electrical Machines (ICEM), pp. 1488-1495, 2012.

[86] S. Nategh, O. Wallmark, M. Leksell und S. Zhao, Thermal Analysis of a PMaSRM Using Partial FEA and Lumped Parameter Modeling, IEEE Transactions on Energy Conversion, Vol. 27, No. 2, pp. 477-488, 2012.

[87] X. Cai, M. Cheng, S. Zhu und J. Zhang, Thermal Modeling of Flux-Switching Permanent-Magnet Machines Considering Anisotropic Conductivity and Thermal Contact Resistance, IEEE Transactions on Industrial Electronics, Vol. 63, No. 6, pp. 3355-3365, 2016.

[88] A. Huber, T. Nguyen-Xuan, N. Brossardt, F. Eckstein und M. Pfitzner, Thermische Simulation eines hochdetaillierten Wickelkopfmodells einer elektrischen Antriebsmaschine, ANSYS Conference & 32. CADFEM Users' Meeting, 2014.

[89] C. Reitmaier, Transversaler Seebeck- und Peltier-Effekt in verkippten Metall-Halbleiter-Multilagenstrukturen, Dissertationsreihe der Fakultät für Physik der Universität Regensburg, Band 26, 2011.

[90] G. Fischer, Lineare Algebra, 18., aktualisierte Auflage, Springer Spektrum, Springer Fachmedien Wiesbaden, 2014.

[91] H. Schade und K. Neemann, Tensoranalysis, 3., überarbeitete Auflage, de Gruyter, 2009.

[92] H. Altenbach, Kontinuumsmechanik, 3., überarbeitete Auflage, Springer Vieweg, Springer-Verlag Berlin Heidelberg, 2015.

[93] L. Papula, Mathematik für Ingenieure und Naturwissenschaftler Band 1, 14., überarbeitete und erweiterte Auflage, Springer Vieweg, Springer Fachmedien Wiesbaden, 2014.

[94] L. Papula, Mathematik für Ingenieure und Naturwissenschaftler Band 2, 14., überarbeitete und erweiterte Auflage, Springer Vieweg, Springer Fachmedien Wiesbaden, 2015.

[95] H. S. Carslaw und J. C. Jaeger, Conduction of Heat in Solids, 2nd Revised edition, Oxford University Press, 1986.

[96] C. Kral, A. Haumer und T. Bäuml, Thermal Model and Behavior of a Totally-Enclosed-Water-Cooled Squirrel-Cage Induction Machine for Traction Applications, IEEE Transactions on Industrial Electronics, Vol. 55, No. 10, pp. 3555-3565, 2008.

[97] F. Qi, M. Schenk und R. W. De Doncker, Discussing details of lumped parameter thermal modeling in electrical machines, 7th IET International Conference on Power Electronics, Machines and Drives (PEMD 2014), 2014.

[98] C. A. Cezário und H. P. Silva, Electric Motor Winding Temperature Prediction Using a Simple Two-Resistance Thermal Circuit, 18th International Conference on Electrical Machines (ICEM), 2008.

[99] T. Huber, W. Peters und J. Böcker, A Low-Order Thermal Model for Monitoring Critical Temperatures in Permanent Magnet Synchronous Motors, 7th IET International Conference on Power Electronics, Machines and Drives (PEMD 2014), pp. 1-6, 2014.

[100] J. H. Holland, Adaptation in Natural and Artificial Systems, The University of Michigan Press, 1975.

[101] K. Deb, A. Pratap, S. Agarwal und T. Meyarivan, A Fast and Elitist Multiobjective Genetic Algorithm: NSGA-II, IEEE Transactions on Evolutionary Computation, Vol. 6, No. 2, pp. 182-197, 2002.

[102] M. Barkow und S. Oechslen, Experimentelle Untersuchung des thermischen Verhaltens einer elektrischen Antriebsmaschine, Duale Hochschule Baden-Württemberg (DHBW), Stuttgart, 2015.

[103] T. Engelhardt, H.-C. Reuss, A. Heitmann und S. Oechslen, Analysis of the Effects of High Coil Temperatures on Performance and Drivability of Electric Sports Cars, 16th Stuttgart International Symposium, Springer Vieweg, Wiesbaden, 2016.

[104] M. Schiefer und M. Doppelbauer, Indirect Slot Cooling for High-Power-Density Machines with Concentrated Winding, IEEE International Electric Machines & Drives Conference (IEMDC), pp. 1820-1825, 2015.

[105] Z. Liu, T. Winter und M. Schier, Direct Coil Cooling of a High Performance Switched Reluctance Machine (SRM) for EV/HEV Applications, SAE Int. J. Alt. Power. 4(1):2015, pp. 162-169, 2015.

[106] M. Polikarpova, Liquid Cooling Solutions for Rotating Permanent Magnet Synchronous Machines, Dissertation, Lappeenranta University of Technology, Acta Universitatis Lappeenrantaensis 597, 2014.

[107] Y. Alexandrova, Wind Turbine Direct-Drive Permanent-Magnet Generator with Direct Liquid Cooling for Mass Reduction, Dissertation, Lappeenranta University of Technology, Acta Universitatis Lappeenrantaensis 580, 2014.

[108] B. Irwanto, K. Steigleder, O. Perros und M. Verrier, Large 60 Hz Turbogenerators: Mechanical Design and Improvements, IEEE International Electric Machines and Drives Conference (IEMDC), pp. 471-476, 2009.

[109] S. Nategh, Thermal Analysis and Management of High-Performance Electrical Machines, Doctoral Thesis, KTH School of Electrical Engineering, Stockholm, Sweden, 2013.

[110] T. Davin, J. Pellé, S. Harmand und R. Yu, Experimental study of oil cooling systems for electric motors, Applied Thermal Engineering 75 (2015) 1-13, Elsevier, 2014.

[111] P. Arumugam, C. Gerada, S. Bozhko und H. Zhang et al., Permanent Magnet Starter-Generator for Aircraft Application, SAE Technical Paper 2014-01-2157, 2014.

[112] W. Siebenpfeiffer, Energieeffiziente Antriebstechnologien, Springer Fachmedien Wiesbaden, 2013.

[113] AVL trimerics GmbH, Maschine mit Faserspaltrohr - Gebrauchs-musterschrift, Deutsches Patent- und Markenamt, DE 20 2010 018 078 U1, 2014.

[114] S. Oechslen, Elektrische Maschine und Kraftfahrzeug und Verfahren zur Herstellung einer elektrischen Maschine, Deutsches Patent- und Markenamt, DE 10 2016 101 705 A1, 2017.

[115] D. T. Lussier, S. J. Ormiston und R. M. Marko, Theoretical Determination of Anisotropic Effective Thermal Conductivity in Transformer Windings, Int. Comm. Heat Mass Transfer, Vol. 30, No. 3, pp. 313-322, 2003.

[116] W. Brotherton, H. N. Cox, R. F. Frost und J. Selves, Field trials of 400 kV internally oil-cooled cables, Proceedings of the Institution of Electrical Engineers (IEE), Vol. 124, No. 3, pp. 326-333, 1977.

[117] R. Marek und K. Nitsche, Praxis der Wärmeübertragung, 4., neu bearbeitete Auflage, Fachbuchverlag Leipzig im Carl Hanser Verlag, München, 2015.

[118] A. Karle, Elektromobilität, 2., aktualisierte Auflage, Carl Hanser Verlag München, 2017.

[119] Porsche Engineering Magazin, Ausgabe 1/2016: "e-technology", https://www.porscheengineering.com/peg/de/about/magazine/.

[120] Elektrische Ausrüstung von Elektro-Straßenfahrzeugen - Konduktive Ladesysteme für Elektrofahrzeuge - Teil 1: Allgemeine Anforderungen (IEC 61851-1:2010); Deutsche Fassung EN 61851-1:2011, Beuth, 2012.

Anhang

Für die Qualität thermischer Modelle von elektrischen Maschinen ist die Wärmeleitfähigkeit der Wicklung quer zur Orientierung der Leiter von besonderer Bedeutung. Aus diesem Grund werden in A1 bis A3 die Zusammenhänge der Berechnung für die relevanten Näherungsverfahren ausführlich erläutert. Idealerweise werden diese in ein Berechnungsprogramm implementiert.

In Abbildung A.1 ist die gewählte Geometrie des Näherungsmodells *Quadrat* gezeigt. Dieses Modell hat die Gestalt eines Würfels. Alle Kantenlängen berechnen sich anhand der Füllfaktoren und haben folglich die Länge Eins.

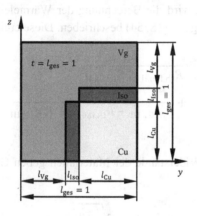

Abbildung A.1:   Abmessungen des Näherungsmodells *Quadrat*

Aufgrund der gewählten Gestalt des Modells wird die Geometrie anhand Gl. A.1 bis Gl. A.4 beschrieben.

$$l_{Cu} = \sqrt{f_{f,Cu}}$$

Gl. A.1

$$l_{Iso} = \frac{f_{f,Iso}}{2\sqrt{f_{f,Cu}}}$$

Gl. A.2

© Springer Fachmedien Wiesbaden GmbH, ein Teil von Springer Nature 2018
S. Oechslen, *Thermische Modellierung elektrischer Hochleistungsantriebe*,
Wissenschaftliche Reihe Fahrzeugtechnik Universität Stuttgart,
https://doi.org/10.1007/978-3-658-22632-9

$$l_{Vg} = \frac{\sqrt{f_{f,Cu}} - f_{f,Cu} - \frac{f_{f,Iso}}{2}}{\sqrt{f_{f,Cu}}}$$

Gl. A.3

$$A_{Q,xy} = A_{Q,xz} = A_{Q,yz} = 1$$

Gl. A.4

A1. Wärmeleitfähigkeit Wicklung radial – Quadrat parallel (2a)

In diesem Abschnitt wird die Berechnung der Wärmeleitfähigkeit der Geometrie aus Abbildung 4.13 (S. 54) beschrieben. Diese ergibt sich aus Gl. A.5.

$$\lambda_{z,W} = \frac{1}{R_{th,Vg,I}} + \frac{1}{R_{th,Iso,II} + R_{th,Vg,II}} + \frac{1}{R_{th,Cu,III} + R_{th,Iso,III} + R_{th,Vg,III}}$$

Gl. A.5

Die erforderlichen Widerstände der Materialien geben Gl. A.6 bis Gl. A.11 wieder.

$$R_{th,Vg,I} = \frac{1}{\lambda_{Vg}\, l_{Vg}} = \frac{\sqrt{f_{f,Cu}}}{\lambda_{Vg}\left(\sqrt{f_{f,Cu}} - f_{f,Cu} - \frac{f_{f,Iso}}{2}\right)}$$

Gl. A.6

$$R_{th,Iso,II} = \frac{l_{Cu}}{\lambda_{Iso}\, l_{Iso}} = \frac{2\, f_{f,Cu}}{\lambda_{Iso}\, f_{f,Iso}}$$

Gl. A.7

$$R_{th,Vg,II} = \frac{1 - l_{Cu}}{\lambda_{Vg}\, l_{Iso}} = \frac{2\left(\sqrt{f_{f,Cu}} - f_{f,Cu}\right)}{\lambda_{Vg}\, f_{f,ISo}}$$

Gl. A.8

$$R_{th,Cu,III} = \frac{l_{Cu}}{\lambda_{Cu}\, l_{Cu}} = \frac{1}{\lambda_{Cu}}$$

Gl. A.9

$$R_{th,Iso,III} = \frac{l_{Iso}}{\lambda_{Iso}\, l_{Cu}} = \frac{f_{f,Iso}}{2\,\lambda_{Iso}\, f_{f,Cu}}$$

Gl. A.10

$$R_{\text{th,Vg,III}} = \frac{l_{\text{Vg}}}{\lambda_{\text{Vg}}\, l_{\text{Cu}}} = \frac{\sqrt{f_{\text{f,Cu}}} - f_{\text{f,Cu}} - \dfrac{f_{\text{f,Iso}}}{2}}{\lambda_{\text{Vg}}\, f_{\text{f,Cu}}} \qquad \text{Gl. A.11}$$

A2. Wärmeleitfähigkeit Wicklung radial – Quadrat seriell (2b)

In diesem Abschnitt wird die Berechnung der Wärmeleitfähigkeit der Geometrie aus Abbildung 4.14 (S. 54) beschrieben. Diese erfolgt anhand Gl. A.12.

$$\lambda_{\text{z,W}} = \left(R_{\text{th,I}} + R_{\text{th,II}} + R_{\text{th,III}} \right)^{-1} \qquad \text{Gl. A.12}$$

Die thermischen Widerstände der Bereiche ergeben sich aus Gl. A.13 bis Gl. A.15.

$$R_{\text{th,I}} = \left(\frac{1}{R_{\text{th,Vg,I}}} + \frac{1}{R_{\text{th,Iso,I}}} + \frac{1}{R_{\text{th,Cu,I}}} \right)^{-1} \qquad \text{Gl. A.13}$$

$$R_{\text{th,II}} = \left(\frac{1}{R_{\text{th,Vg,II}}} + \frac{1}{R_{\text{th,Iso,II}}} \right)^{-1} \qquad \text{Gl. A.14}$$

$$R_{\text{th,III}} = R_{\text{th,Vg,III}} \qquad \text{Gl. A.15}$$

Die thermischen Widerstände der Materialien berechnen sich nach Gl. A.16 bis Gl. A.21.

$$R_{\text{th,Vg,I}} = \frac{l_{\text{Cu}}}{\lambda_{\text{Vg}}\, l_{\text{Vg}}} = \frac{f_{\text{f,Cu}}}{\lambda_{\text{Vg}} \left(\sqrt{f_{\text{f,Cu}}} - f_{\text{f,Cu}} - \dfrac{f_{\text{f,Iso}}}{2} \right)} \qquad \text{Gl. A.16}$$

$$R_{\text{th,Iso,I}} = \frac{l_{\text{Cu}}}{\lambda_{\text{Iso}}\, l_{\text{Iso}}} = \frac{2\, f_{\text{f,Cu}}}{\lambda_{\text{Iso}}\, f_{\text{f,Iso}}} \qquad \text{Gl. A.17}$$

$$R_{\text{th,Cu,I}} = \frac{l_{\text{Cu}}}{\lambda_{\text{Cu}}\, l_{\text{Cu}}} = \frac{1}{\lambda_{\text{Cu}}} \qquad\qquad \text{Gl. A.18}$$

$$R_{\text{th,Vg,II}} = \frac{l_{\text{Iso}}}{\lambda_{\text{Vg}}(1 - l_{\text{Cu}})} = \frac{f_{\text{f,Iso}}}{2\,\lambda_{\text{Vg}}\left(\sqrt{f_{\text{f,Cu}}} - f_{\text{f,Cu}}\right)} \qquad \text{Gl. A.19}$$

$$R_{\text{th,Iso,II}} = \frac{l_{\text{Iso}}}{\lambda_{\text{Iso}}\, l_{\text{Cu}}} = \frac{f_{\text{f,Iso}}}{2\,\lambda_{\text{Iso}}\, f_{\text{f,Cu}}} \qquad\qquad \text{Gl. A.20}$$

$$R_{\text{th,Vg,III}} = \frac{l_{\text{Vg}}}{\lambda_{\text{Vg}}} = \frac{\sqrt{f_{\text{f,Cu}}} - f_{\text{f,Cu}} - \dfrac{f_{\text{f,Iso}}}{2}}{\lambda_{\text{Vg}}\sqrt{f_{\text{f,Cu}}}} \qquad \text{Gl. A.21}$$

A3. Wärmeleitfähigkeit Wicklung radial – Quadrat Kombination (2c)

In diesem Abschnitt wird die Berechnung der Wärmeleitfähigkeit der Geometrie aus Abbildung 4.15 (S. 55) ausgeführt. Wie oben beschrieben, ist das Widerstandsnetz unter Verwendung der Stern-Dreieck- und der Dreieck-Stern-Transformation zu lösen. Im Folgenden soll dies nicht im Detail ausgeführt werden. Stattdessen werden die Formeln angegeben, mit denen ein entsprechendes Rechenprogramm aufgebaut werden kann. Die Wärmeleitfähigkeit ergibt sich aus Gl. A.22.

$$\lambda_{z,W} = \left(R_{\text{th,18}} + \left(\frac{1}{R_{\text{th,56}} + R_{\text{th,68}}} + \frac{1}{R_{\text{th,57}} + R_{\text{th,78}}} \right)^{-1} \right)^{-1} \qquad \text{Gl. A.22}$$

Infolge der Transformationen ergeben sich Hilfswiderstände zweier Ebenen. Die verwendeten Hilfswiderstände der ersten Ebene geben Gl. A.23 bis Gl. A.27 wieder.

$$R_{\text{th,18}} = \frac{R_{\text{th,16}}\left(R_{\text{th,14}} + R_{\text{th,47}}\right)}{R_{\text{th,16}} + R_{\text{th,14}} + R_{\text{th,47}} + R_{\text{th,36}} + R_{\text{th,37}}} \qquad \text{Gl. A.23}$$

$$R_{\text{th},56} = \frac{1}{\lambda_{\text{Vg}}} + \frac{R_{\text{th},12}\, R_{\text{th},23}}{R_{\text{th},12} + R_{\text{th},13} + R_{\text{th},23}} \qquad \text{Gl. A.24}$$

$$R_{\text{th},68} = \frac{R_{\text{th},16}\left(R_{\text{th},36} + R_{\text{th},37}\right)}{R_{\text{th},16} + R_{\text{th},14} + R_{\text{th},47} + R_{\text{th},36} + R_{\text{th},37}} \qquad \text{Gl. A.25}$$

$$R_{\text{th},57} = \frac{R_{\text{th},35}\, R_{\text{th},45}}{R_{\text{th},34} + R_{\text{th},35} + R_{\text{th},45}} \qquad \text{Gl. A.26}$$

$$R_{\text{th},78} = \frac{\left(R_{\text{th},14} + R_{\text{th},47}\right)\left(R_{\text{th},36} + R_{\text{th},37}\right)}{R_{\text{th},16} + R_{\text{th},14} + R_{\text{th},47} + R_{\text{th},36} + R_{\text{th},37}} \qquad \text{Gl. A.27}$$

Die Hilfswiderstände der zweiten Ebene berechnen sich aus Gl. A.28 bis Gl. A.38. Sie bedienen sich der Widerstände der Materialien.

$$R_{\text{th},12} = R_{\text{th,Vg,I,1}} + R_{\text{th,Vg,I,2}} \qquad \text{Gl. A.28}$$

$$R_{\text{th},13} = R_{\text{th,Iso,II}} + R_{\text{th,Vg,II,1}} \qquad \text{Gl. A.29}$$

$$R_{\text{th},14} = R_{\text{th,Cu,III}} + R_{\text{th,Iso,III}} \qquad \text{Gl. A.30}$$

$$R_{\text{th},35} = R_{\text{th,Vg,II,2}} \qquad \text{Gl. A.31}$$

$$R_{\text{th},45} = R_{\text{th,Vg,III}} \qquad \text{Gl. A.32}$$

$$R_{\text{th},23} = \left(\frac{1}{R_{\text{th,Vg,I,1q}} + R_{\text{th,Iso,IIq}}} + \frac{1}{R_{\text{th,Vg,I,2q}} + R_{\text{th,Vg,II,1q}}} \right.$$
$$\left. + \frac{1}{R_{\text{th,Vg,I,3q}} + R_{\text{th,Vg,II,2q}}} \right)^{-1} \qquad \text{Gl. A.33}$$

$$R_{\text{th},34} = \left(\frac{1}{R_{\text{th,Cu,IIIq}} + R_{\text{th,Iso,IIq}}} + \frac{1}{R_{\text{th,Iso,IIIq}} + R_{\text{th,Vg,II,1q}}} \right.$$
$$\left. + \frac{1}{R_{\text{th,Vg,IIIq}} + R_{\text{th,Vg,II,2q}}} \right)^{-1} \qquad \text{Gl. A.34}$$

$$R_{\text{th},16} = \frac{R_{\text{th},12}\, R_{\text{th},13}}{R_{\text{th},12} + R_{\text{th},13} + R_{\text{th},23}} \qquad \text{Gl. A.35}$$

$$R_{\text{th},36} = \frac{R_{\text{th},13}\, R_{\text{th},23}}{R_{\text{th},12} + R_{\text{th},13} + R_{\text{th},23}} \qquad \text{Gl. A.36}$$

$$R_{\text{th},37} = \frac{R_{\text{th},34}\, R_{\text{th},35}}{R_{\text{th},34} + R_{\text{th},35} + R_{\text{th},45}} \qquad \text{Gl. A.37}$$

$$R_{\text{th},47} = \frac{R_{\text{th},34}\, R_{\text{th},45}}{R_{\text{th},34} + R_{\text{th},35} + R_{\text{th},45}} \qquad \text{Gl. A.38}$$

Die Widerstände der Materialien werden entsprechend Gl. A.39 bis Gl. A.56 bestimmt.

$$R_{\text{th,Vg,I,1}} = \frac{l_{\text{Cu}}}{\lambda_{\text{Vg}}\, l_{\text{Vg}}} = \frac{f_{\text{f,Cu}}}{\lambda_{\text{Vg}} \left(\sqrt{f_{\text{f,Cu}}} - f_{\text{f,Cu}} - \frac{f_{\text{f,Iso}}}{2} \right)} \qquad \text{Gl. A.39}$$

$$R_{\text{th,Vg,I,2}} = \frac{l_{\text{Iso}}}{\lambda_{\text{Vg}}\, l_{\text{Vg}}} = \frac{f_{\text{f,Iso}}}{2\, \lambda_{\text{Vg}} \left(\sqrt{f_{\text{f,Cu}}} - f_{\text{f,Cu}} - \frac{f_{\text{f,Iso}}}{2} \right)} \qquad \text{Gl. A.40}$$

$$R_{\text{th,Vg,I,3}} = \frac{l_{\text{Vg}}}{\lambda_{\text{Vg}}\, l_{\text{Vg}}} = \frac{1}{\lambda_{\text{Vg}}} \qquad \text{Gl. A.41}$$

$$R_{\text{th,Iso,II}} = \frac{l_{\text{Cu}}}{\lambda_{\text{Iso}}\, l_{\text{Iso}}} = \frac{2\, f_{\text{f,Cu}}}{\lambda_{\text{Iso}}\, f_{\text{f,Iso}}} \qquad \text{Gl. A.42}$$

$$R_{\text{th,Vg,II,1}} = \frac{l_{\text{Iso}}}{\lambda_{\text{Vg}}\, l_{\text{Iso}}} = \frac{1}{\lambda_{\text{Vg}}} \qquad \text{Gl. A.43}$$

$$R_{\text{th,Vg,II,2}} = \frac{l_{\text{Vg}}}{\lambda_{\text{Vg}}\, l_{\text{Iso}}} = \frac{2 \left(\sqrt{f_{\text{f,Cu}}} - f_{\text{f,Cu}} - \frac{f_{\text{f,Iso}}}{2} \right)}{\lambda_{\text{Vg}}\, f_{\text{f,Iso}}} \qquad \text{Gl. A.44}$$

$$R_{\text{th,Cu,III}} = \frac{l_{\text{Cu}}}{\lambda_{\text{Cu}}\, l_{\text{Cu}}} = \frac{1}{\lambda_{\text{Cu}}} \qquad \text{Gl. A.45}$$

$$R_{\text{th,Iso,III}} = \frac{l_{\text{Iso}}}{\lambda_{\text{Iso}}\, l_{\text{Cu}}} = \frac{f_{\text{f,Iso}}}{2\, \lambda_{\text{Iso}}\, f_{\text{f,Cu}}} \qquad \text{Gl. A.46}$$

$$R_{\text{th,Vg,III}} = \frac{l_{\text{Vg}}}{\lambda_{\text{Vg}}\, l_{\text{Cu}}} = \frac{\sqrt{f_{\text{f,Cu}}} - f_{\text{f,Cu}} - \frac{f_{\text{f,Iso}}}{2}}{\lambda_{\text{Vg}}\, f_{\text{f,Cu}}} \qquad \text{Gl. A.47}$$

$$R_{\text{th,Vg,I,1q}} = \frac{R_{\text{th,Vg,III}}}{2} = \frac{\sqrt{f_{\text{f,Cu}}} - f_{\text{f,Cu}} - \frac{f_{\text{f,Iso}}}{2}}{2\, \lambda_{\text{Vg}}\, f_{\text{f,Cu}}} \qquad \text{Gl. A.48}$$

$$R_{\text{th,Vg,I,2q}} = \frac{R_{\text{th,Vg,II,2}}}{2} = \frac{\sqrt{f_{\text{f,Cu}}} - f_{\text{f,Cu}} - \frac{f_{\text{f,Iso}}}{2}}{\lambda_{\text{Vg}} f_{\text{f,Iso}}} \qquad \text{Gl. A.49}$$

$$R_{\text{th,Vg,I,3q}} = \frac{R_{\text{th,Vg,I,3}}}{2} = \frac{1}{2 \lambda_{\text{Vg}}} \qquad \text{Gl. A.50}$$

$$R_{\text{th,Iso,IIq}} = \frac{R_{\text{th,Iso,III}}}{2} = \frac{f_{\text{f,Iso}}}{4 \lambda_{\text{Iso}} f_{\text{f,Cu}}} \qquad \text{Gl. A.51}$$

$$R_{\text{th,Vg,II,1q}} = \frac{R_{\text{th,Vg,II,1}}}{2} = \frac{1}{2 \lambda_{\text{Vg}}} \qquad \text{Gl. A.52}$$

$$R_{\text{th,Vg,II,2q}} = \frac{R_{\text{th,Vg,I,2}}}{2} = \frac{f_{\text{f,Iso}}}{4 \lambda_{\text{Vg}} \left(\sqrt{f_{\text{f,Cu}}} - f_{\text{f,Cu}} - \frac{f_{\text{f,Iso}}}{2} \right)} \qquad \text{Gl. A.53}$$

$$R_{\text{th,Cu,IIIq}} = \frac{R_{\text{th,Cu,III}}}{2} = \frac{1}{2 \lambda_{\text{Cu}}} \qquad \text{Gl. A.54}$$

$$R_{\text{th,Iso,IIIq}} = \frac{R_{\text{th,Iso,II}}}{2} = \frac{f_{\text{f,Cu}}}{\lambda_{\text{Iso}} f_{\text{f,Iso}}} \qquad \text{Gl. A.55}$$

$$R_{\text{th,Vg,IIIq}} = \frac{R_{\text{th,Vg,I,1}}}{2} = \frac{f_{\text{f,Cu}}}{2 \lambda_{\text{Vg}} \left(\sqrt{f_{\text{f,Cu}}} - f_{\text{f,Cu}} - \frac{f_{\text{f,Iso}}}{2} \right)} \qquad \text{Gl. A.56}$$

Printed in the United States
By Bookmasters

Printed in the United States
By Bookmasters